Zielvereinbarungen und Jahresgespräche

Hailka Proske
Eva Reiff

2. Auflage

HAUFE.

Inhalt

Vorwort

Immer mehr Unternehmen führen strukturierte regelmäßige Gespräche ein: Zielvereinbarungsgespräche, Mitarbeitergespräche oder Jahresgespräche. Es gehört zu Ihren Aufgaben als Führungskraft, diese Gespräche mit Ihren Mitarbeitern durchzuführen.

Dies ist nicht immer eine leichte Aufgabe, denn von Ihnen wird dabei einiges gefordert: Sie müssen Ihre Erwartungen klar und konkret kommunizieren, Ziele motivierend und verständlich formulieren, die Leistungen des Mitarbeiters gerecht und nachvollziehbar beurteilen und auf die Bedürfnisse und Emotionen des Mitarbeiters eingehen und reagieren.

Dieser TaschenGuide liefert Ihnen eine Grundlage für die Durchführung der Gespräche. Sie erfahren, welche Bestandteile ein Jahres- bzw. Zielvereinbarungsgespräch hat. Checklisten und Schritt-für-Schritt-Anleitungen helfen Ihnen, sich auf die Gespräche vorzubereiten. Grundlagen der Gesprächsführung und Kommunikation geben Ihnen Hilfestellung bei der Durchführung. Zudem haben wir Tipps für einige schwierige Situationen unter „was tun, wenn…" zusammengestellt.

Wir wünschen Ihnen viel Erfolg bei Ihren zukünftigen Jahres- bzw. Zielvereinbarungsgesprächen

Hailka Proske und Eva Reiff

Wozu Sie Jahresgespräche führen und Ziele vereinbaren

Jahres- und Zielvereinbarungsgespräche sind für Sie als Vorgesetzter ein wichtiges Führungsinstrument und geben Ihren Mitarbeitern wertvolle Orientierung.

In diesem Kapitel lesen Sie,

- welche Inhalte das Jahresgespräch und die Zielvereinbarung haben,
- welchen Nutzen die Gespräche für Sie und Ihre Mitarbeitern haben und
- welche Faktoren die Wirkung der beiden Instrumente positiv beeinflussen.

Was sind Jahres- und Zielvereinbarungsgespräche?

Mit dem Jahresgespräch und der Zielvereinbarung stehen Ihnen zwei sehr wirkungsvolle Instrumente zur Verfügung, um Ihre Mitarbeiter zu führen und zu motivieren und Ihre Abteilung bzw. Ihr Unternehmen weiter voran zu bringen. Das Jahresgespräch und die Zielvereinbarung werfen – im Gegensatz zu tagesaktuellen Gesprächen – einen grundsätzlichen Blick auf die Leistungen und Aufgaben des Mitarbeiters sowie auf die Zusammenarbeit zwischen Mitarbeiter und Führungskraft. Gut geführt unterstützen die Gespräche die Entwicklung der Mitarbeiter und Führungskräfte gleichermaßen und steuern das Arbeitsverhalten des Mitarbeiters.

Bestandteile eines Jahresgesprächs

In einem Jahresgespräch finden sich folgende Inhalte:

Die Zielvereinbarung

- Zielerreichung überprüfen
  Im Rückblick wird überprüft, inwieweit der Mitarbeiter die Ziele des vergangenen Jahrs erreicht hat und welche Gründe für ein eventuelles Nicht-Erreichen der Ziele vorliegen.
- Ziele vereinbaren
  Im nächsten Schritt formulieren Führungskraft und Mitarbeiter dann die Ziele des Mitarbeiters für das kommende Jahr.

Die Mitarbeiterbeurteilung

- Allgemeine Leistungsbeurteilung
  In diesem Gesprächsabschnitt werden die Arbeitsleistungen und das Arbeitsverhalten des Mitarbeiters allgemein beurteilt.
- Feedback zu Stärken und Entwicklungspotenzialen
  Der Mitarbeiter erhält klare Aussagen über seine Stärken und Schwächen und erarbeitet gemeinsam mit dem Vorgesetzten Verbesserungsmöglichkeiten.

Entwicklungsbedarf und Potenzial des Mitarbeiters

- Ausgehend von der Zielerreichung und der Beurteilung werden Entwicklungsbedarf und Potenzial des Mitarbeiters besprochen und dazu Ziele und Maßnahmen formuliert.

Zusammenarbeit zwischen Vorgesetztem und Mitarbeiter

- In diesem Teil steht der Austausch über die Zusammenarbeit im Vordergrund und wie diese in der Zukunft weiter verbessert werden kann.

In der Realität gibt es viele Varianten

Wenn wir hier von Jahresgesprächen und Zielvereinbarungen reden, ist es keineswegs für alle eindeutig, worum es geht. Z. B. werden in vielen Unternehmen die Begriffe Jahresgespräch und Mitarbeitergespräch gleichgesetzt. Wir gehen im Folgenden von der oben beschriebenen Variante des Jahresgesprächs aus. Einen genauen Ablauf dieses umfassenden

Jahresgesprächs mit ausführlicher Erläuterung der einzelnen Schritte finden Sie im Kapitel „So führen Sie ein Jahresgespräch durch".

Weitere Varianten sind:

- **Zielvereinbarung ohne Jahresgespräch:**
  In etlichen Unternehmen ist es üblich, das Zielvereinbarungsgespräch ohne Jahresgespräch zu führen. Es stellt dann einen Ausschnitt des Jahresgespräches dar und umfasst den Rückblick auf die Ziele des vergangenen Jahres mit der Prüfung der Zielerreichung, sowie die Erarbeitung der neuen Ziele fürs kommende Jahr. Auch hier wird der Mitarbeiter beurteilt, aber gezielt in Bezug auf die Erreichung (bzw. Nicht-Erreichung) der vorher vereinbarten Ziele.

- **Jahresgespräch ohne Zielvereinbarungen:**
  Natürlich gibt es auch Unternehmen, die nicht mit Zielvereinbarungen arbeiten und deshalb die Jahresgespräche ohne Zielvereinbarungen führen.

- **Zwei Termine für zwei Gespräche:**
  Ebenso gibt es Unternehmen, die die verschiedenen Elemente eines Jahresgesprächs trennen. Dafür gibt es gute Gründe: Einer der wichtigsten ist die leistungsorientierte Bezahlung. Unternehmen, die ihren Mitarbeitern leistungsorientierte variable Gehaltsanteile zahlen, welche beispielsweise an die Zielerreichung gekoppelt sind, oder Unternehmen, in denen die Gehaltsentwicklung an das Ergebnis der Beurteilung geknüpft ist, sehen häufiger eine

Trennung dieser gehaltsrelevanten Gesprächsinhalte (Zielvereinbarung und Beurteilung) von den reinen Entwicklungs- und Fördergesprächen vor.

Die Atmosphäre in Gesprächen, in denen Mitarbeiter in irgendeiner Art und Weise beurteilt werden, ist häufig von Unsicherheit und teilweise von Konfliktpotenzial geprägt – dies noch stärker dann, wenn die Beurteilung sich auch in finanziellen Gesichtspunkten niederschlägt,.

Dies steht einem offenen, vertrauensvollen Austausch über die Entwicklung des Mitarbeiters und über die Verbesserung der Zusammenarbeit oft im Weg. Daher trennen einige Firmen diese beiden Elemente. Dieses Verfahren ist aufwendiger, kommt aber der Verbesserung der Zusammenarbeit und der persönlichen Weiterentwicklung von Führungskraft und Mitarbeiter zu Gute – was letztendlich den Aufwand rechtfertigt.

Sinn und Zweck dieser Gespräche

Damit Sie als Führungskraft den größtmöglichen Nutzen aus diesen Gesprächen ziehen, ist es zunächst notwendig, den größeren Zusammenhang zu betrachten.

Jedes Unternehmen ist seinen grundsätzlichen Unternehmenszielen verpflichtet. Erfolgreiche Führungskräfte verstehen es, ihre Mitarbeiter für diesen übergeordneten unternehmerischen Auftrag zu gewinnen und zugleich das Potenzial ihrer Mitarbeiter auszuschöpfen.

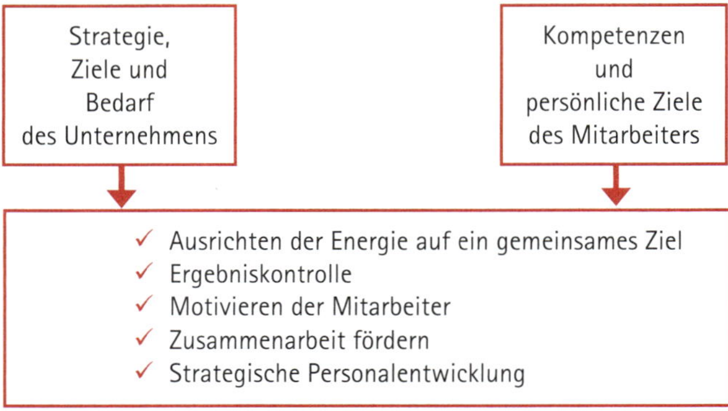

Ziele von Mitarbeiter- bzw. Zielvereinbarungsgesprächen

Wozu dient die Mitarbeiterbeurteilung?

Wenn Sie die Arbeitsleistung und Fähigkeiten Ihres Mitarbeiters beurteilen und sich mit ihm darüber im Gespräch austauschen, können Sie

- die gegenseitigen Erwartungen abgleichen,
- ihm Feedback über seine erbrachte Arbeitsleistung geben und ihm damit
- eine qualifizierte Einschätzung seiner Kompetenzen und Potenziale liefern sowie
- die Gehaltsentwicklung gezielt mit der Arbeitsleistung Ihres Mitarbeiters verknüpfen.

Letztlich ist die Beurteilung damit die Grundlage für eine bedarfsgerechte Personalentwicklung. Sie ist umso wirkungsvoller, je besser sie in den Führungsalltag integriert wird, indem Sie zum Beispiel unterjährig immer wieder darauf Bezug nehmen.

Wozu dient eine Zielvereinbarung?

Als Führungskraft gehört es zu Ihren Aufgaben, die übergreifenden wirtschaftlichen Ziele des Unternehmens mit den persönlichen Zielen und Potenzialen Ihrer Mitarbeiter abzugleichen. Das Führen mit Zielen, das auch unter dem Begriff „Management by Objectives" bekannt ist, verfolgt deshalb drei Ziele:

- die Arbeitsleistung Ihrer Mitarbeiter in eine bestimmte Richtung zu lenken,
- die Arbeitsergebnisse Ihrer Mitarbeiter zu verbessern (auch mittels von der Zielerreichung abhängiger variabler Gehaltsanteile) und
- Ihre Mitarbeiter zu motivieren und zu fördern.

Der Nutzen für Sie und Ihre Mitarbeiter

Die Wirkung dieser Instrumente ist umso höher, je überzeugter Sie und Ihre Mitarbeiter von deren Nutzen sind. Sonst wirken Sie wenig überzeugend und Ihre Mitarbeiter ziehen nicht mit – die vereinbarten Ziele verpuffen.

Nutzen für Sie als Führungskraft

Mit der klaren Kommunikation der Ziele und Ihrer Erwartungen bzgl. der Arbeitsleistung Ihrer Mitarbeiter steuern Sie aktiv Ihre Mitarbeiter. Damit werden Sie Ihren ergebnisorientierten Aufgaben besser gerecht und tragen so zum wirtschaftlichen Erfolg des Unternehmens bei. Denn auch Sie selbst werden an den Arbeitsergebnissen Ihrer Abteilung gemessen.

Mit den Gesprächen können Sie als Führungskraft die Entwicklung Ihrer Mitarbeiter kontinuierlich begleiten und deren Potenziale im beiderseitigen Interesse ausschöpfen. Und die Gespräche bieten die Möglichkeit, Ihre Mitarbeiter aktiv zu beteiligen und Verantwortung an sie zu übertragen und können dadurch entlastend wirken.

Sie erhalten darüber hinaus Rückmeldung über das eigene Führungsverhalten. Dieses Fremdbild können Sie mit Ihrem eigenen Bild von sich als Führungskraft abgleichen und Auftreten und Verhalten überdenken und anpassen, falls Fremd- und Selbstbild voneinander abweichen.

Nutzen für Ihre Mitarbeiter

Durch die Formulierung von Zielen erhalten die Mitarbeiter Klarheit über Ihre Erwartungen und gewinnen somit Sicherheit, ihre Aufgaben strukturiert anzugehen. Werden diese Gespräche partnerschaftlich geführt, stärken sie Selbstständigkeit und Eigenverantwortung der Mitarbeiter.

Sie als Führungskraft können diese Gespräche bewusst nutzen, um die Leistungen Ihrer Mitarbeiter zu fördern und anzuerkennen. Der Mitarbeiter erhält Feedback darüber, wie er wahrgenommen wird und wie seine Leistung bzw. sein Verhalten gewertet werden. Er hat damit die Chance, seine Arbeitsweise zu überdenken und anzupassen.

Was die Wirkung der Gespräche beeinflusst

Ob Jahres- und Zielvereinbarungsgespräche als sinnvoll und motivierend für Führungskraft und Mitarbeiter empfunden werden, kann von verschiedenen Faktoren abhängen. Zwei sehr wichtige, die Sie nicht aus den Augen verlieren sollten, sind

- die bisherigen Erfahrungen bzw. Vorbehalte des Mitarbeiters gegenüber solchen Instrumenten und
- die wirtschaftliche Situation, in der sich das Unternehmen befindet.

Nehmen Sie dem Mitarbeiter mögliche Ängste

Vor allem, wenn Sie die Instrumente Zielvereinbarung und Jahresgespräch neu einführen, können bei Mitarbeitern Ängste entstehen, dass sie beurteilt werden. Daher ist es wichtig, dass Sie klarstellen, was beurteilt wird, nämlich nicht die Person des Mitarbeiters, sondern seine Leistung und sein Arbeitsverhalten im Unternehmen.

Ein anderer Aspekt, der Ängste auslöst, ist, dass Ihre Mitarbeiter nicht immer wissen, was mit den Beurteilungen gemacht wird, wer davon erfährt und wo sie abgelegt werden. Machen Sie den Umgang mit den Beurteilungen transparent. Und wenn Sie selbst sich bei diesen Fragen nicht sicher sein sollten, informieren Sie sich rechtzeitig bei der Personalabteilung bzw. den Verantwortlichen.

Harte Vorgaben oder Spielraum?

Steht ein Unternehmen unter starkem wirtschaftlichem Druck und gibt diesen in Form harter Zielvorgaben an die Mitarbeiter weiter, so wird das Zielvereinbarungsgespräch in den meisten Fällen eher als notwendiges Übel gesehen werden.

Beispiel: Wirkungslose Ziele

> Die Führungskraft Herr Sturm ist sich der „Unerreichbarkeit" des von oben vorgegebenen Ziels bewusst: 150.000 € Einnahmen durch Abschlüsse für Produkt X im laufenden Jahr.
>
> Er muss dennoch dieses Ziel an seine Mitarbeiter weitergeben und fühlt sich dementsprechend unwohl. Statt einer gemeinsamen Zielvereinbarung gleicht das Gespräch eher einer Zielvorgabe:
>
> „Wie Sie ja wissen, haben wir von oben anspruchsvolle Ziele bekommen. Wir sollen dieses Jahr 150.000 € Einnahmen durch Abschlüsse für Produkt X erzielen. Das ist nicht ganz einfach, aber wir müssen da jetzt durch. Nun fangen Sie einfach mal an, dann sehen wir schon weiter. Haben Sie noch Fragen? Ansonsten, Sie können ja jederzeit zu mir kommen."

Solche Zielvorgaben werden erst Recht zur Farce, wenn das Zielvereinbarungsgespräch erst im März oder April des Jahres stattfindet.

Besteht aber ein gewisser Spielraum bei der gemeinsamen Suche nach Zielen, kann ein Zielvereinbarungsgespräch entscheidend dazu beitragen, die Kommunikation zwischen Führungskraft und Mitarbeiter zu verbessern und motivierend für beide Seiten wirken.

Sie und Ihre Mitarbeiter müssen dahinterstehen

Ebenso verhält es sich mit den Jahresgesprächen: Gleicht die Beurteilung eines Mitarbeiters eher einem „Aburteilen", um z. B. die Auszahlung von Prämien so gering wie möglich zu halten oder werden die Jahresgespräche rein pro forma durchgeführt, weil sie von der Personalabteilung gefordert werden, dann wird der Effekt gleich null oder sogar eher negativ sein.

Sind die Beteiligten aber ehrlich daran interessiert, ihre eigene Leistung sowie ihre Zusammenarbeit zu verbessern (und damit sind sowohl Ihre Mitarbeiter als auch Sie als Führungskraft gemeint), dann können diese Gespräche eine große Wirkung entfalten und dazu dienen, die Kompetenz im Unternehmen auszubauen und seine Zukunft zu sichern.

Auf einen Blick: Bestandteile und Nutzen der Gespräche

- Das Jahresgespräch besteht aus sechs Abschnitten: dem Rückblick auf die Ziele des vergangenen Jahres, der Vereinbarung von neuen Zielen für das kommende Jahr, der Mitarbeiterbeurteilung, der Potenzialeinschätzung und Klärung des Entwicklungsbedarfs, der Reflektion und Weiterentwicklung der Zusammenarbeit zwischen Vorgesetztem und Mitarbeiter
- Falls Teile des Gesprächs gehaltsrelevant sind, z. B. die Zielvereinbarungen oder Beurteilungen, werden diese oft in einem getrennten Gespräch behandelt.
- Das Abgleichen der Anforderungen, die das Unternehmen hat, mit den Zielen und Kompetenzen des Mitarbeiters ist für die Entwicklung des gesamten Unternehmens sehr förderlich.
- Die Wirkung des Jahresgesprächs ist abhängig von der Ernsthaftigkeit der Mitarbeiterbeurteilung. Die Wirkung der Zielvereinbarungen steht und fällt mit der realistischen Planung der Ziele.

Ihr Handwerkszeug

Um Ziele klar und effizient zu formulieren und das Verhalten Ihrer Mitarbeiter gut begründet zu beurteilen, gibt es hilfreiches Werkzeug.

In diesem Kapitel lesen Sie,

- wie Sie die Ziele für Ihre Mitarbeiter aus den übergeordneten Zielen Ihres Unternehmens herunterbrechen und klar formulieren,
- was Sie bei der Beurteilung Ihrer Mitarbeiter beachten sollten und wie Sie typische Beurteilungsfehler vermeiden,
- wie Sie sich mit den Arbeitsmitteln Beurteilungs- und Beobachtungsbogen auf das Gespräch vorbereiten und
- mit welchen Techniken Sie im Gespräch das gegenseitige Verständnis deutlich verbessern können.

Wie Sie Ziele formulieren

Klare Ziele zu vereinbaren – klingt gut, ist aber nicht so einfach. Daher geben wir Ihnen zunächst einen kleinen Überblick: Woher Sie die Ziele nehmen, welche Arten es gibt, wie Sie Ziele motivierend formulieren und so messbar machen, dass Sie ein Jahr später mit Ihrem Mitarbeiter auch beurteilen können, ob er die Ziele erreicht hat.

Woher kommen die Mitarbeiterziele?

Die Ziele des Unternehmens – die im besten Falle von der Geschäftsleitung anhand der Unternehmensvision und -mission entwickelt wurden – werden über die verschiedenen Hierarchieebenen heruntergebrochen bis hin zu Zielen für die einzelnen Mitarbeiter.

Unternehmensziele

Bereichsziele

Abteilungsziele

Mitarbeiterziele

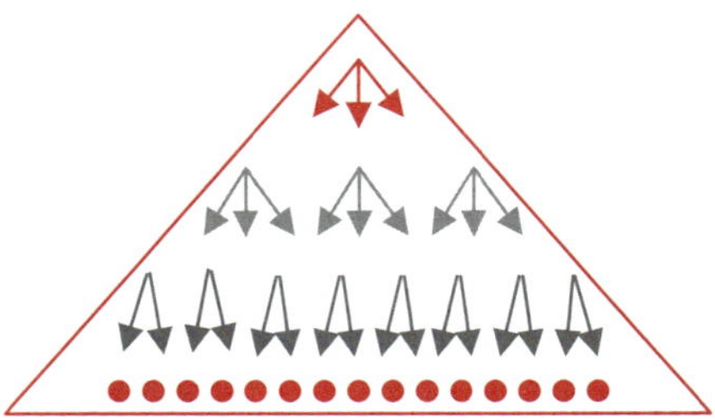

Herunterbrechen von Zielen

Wie Sie Ziele herunterbrechen

Um Ziele herunterzubrechen, gibt es vier Möglichkeiten. Voraussetzung ist dabei selbstverständlich, dass Sie mit Ihrem Vorgesetzten bereits Ziele für die Abteilung bzw. Ihr Team vereinbart haben.

1. **Sie können Mengenziele aufteilen.** Wenn Sie z. B. im neuen Geschäftsjahr € 100.000 Umsatz im Bereich Lebensversicherungen erbringen müssen, können Sie dies anteilig auf Ihre 5 Mitarbeiter aufteilen.
2. **Sie können Ziele aufbrechen und als sich ergänzende Teilziele definieren.** Wenn als Ziel z. B. ein Vorschlag für eine Produktivitätssteigerung genannt ist, können Sie mit einem Mitarbeiter vereinbaren, dass er Informationen über die Produktionsweise der Konkurrenten gewinnt. Ein anderer Mitarbeiter analysiert den firmeneigenen Produktionsablauf. Aus diesen Analysen erarbeiten sie gemeinsam einen Vorschlag, wie die Produktivität zu steigern ist.
3. **Sie können ein Ziel unverändert an einen Mitarbeiter weiterreichen.** Wenn das Ziel lautet, im Osten neue Vertriebswege zu entwickeln, dann ist es einleuchtend, dass der Kollege, der für den Osten zuständig ist, dieses Ziel übernimmt.
4. **Sie können ein Ziel dem gesamten Team als Ziel setzen.** Wenn in einem Call Center die Wartezeit der Anrufer im Schnitt auf 30 Sekunden gesenkt werden soll, können Sie dieses Ziel mit dem gesamten Team vereinbaren.

Vorgegebene Ziele weitergeben

Oft haben Sie als Führungskraft nicht die Freiheit, mit Ihrem Mitarbeiter Ziele zu formulieren, weil Sie bereits Ziele von oben vorgegeben bekommen haben. Die Freiheitsgrade und damit die Möglichkeit zur Mitarbeitermotivation bestehen hier nicht im Formulieren des Ziels, sondern darin, einen geeigneten Weg zur Zielerreichung zu finden. Hier liegt Ihre Chance: Vermitteln Sie dem Mitarbeiter, dass er die Freiheit hat, den Weg selbst zu wählen!

Wenn Sie kein übergeordnetes Ziel erhalten

Es kann verschiedene Gründe haben, dass Sie kein übergeordnetes Ziel bekommen. Langwierige Abstimmungsprozesse auf Unternehmensebene, unklare Zuständigkeiten wegen Umbau oder Fusion bis hin zu der Möglichkeit, dass die Firmenleitung schlichtweg keine Ziele vorgibt. Tatsache ist, dass Ihnen damit das übergeordnete Ziel fehlt, das Sie an Ihre Mitarbeiter weitergeben können. Wie gehen Sie mit dieser Situation um? Sie haben zwei Möglichkeiten: Sie suchen den Kontakt nach oben und fordern Ziele und eine Strategie an oder Sie behelfen sich mit der zweitbesten Lösung und entwickeln Ziele für Ihre Abteilung, indem Sie die Strategie oder die Richtung Ihres Unternehmens als Ausgangspunkt Ihrer Überlegung nehmen.

Welche Arten von Zielen gibt es?

Bei den Zielen kann man in quantitative und qualitative Ziele unterscheiden. Quantitative Ziele sind messbar, qualitative eher beobachtbar. Des Weiteren lässt sich für Zielvereinbarungen zwischen Leistungs- und Entwicklungszielen unterscheiden.

Leistungsziele

Leistungsziele sind eingebunden in die Zielstruktur des Unternehmens und nehmen entweder Bezug auf das laufende Geschäft oder gehen über dieses hinaus.

- Leistungsziele, die das laufende Geschäft betreffen, beziehen sich häufig auf Mengen-, Qualitäts- oder Zeitaspekte. Beispiele sind: Umsatzsteigerungen für ein bestimmtes Produkt, Prozessoptimierungen oder Verringerungen von Ausschussmengen im Produktionsverfahren.
- Leistungsziele, die über das laufende Geschäft hinausgehen, haben häufig Innovationen oder Sonderaufgaben zum Thema. Dies können beispielsweise der Aufbau eines neuen Vertriebskanals oder die Entwicklung eines neuen Werkstoffes sein. Diese Ziele münden häufig in zeitlich begrenzten Projektaufgaben.

> Leistungsziele müssen vom Mitarbeiter beeinflussbar sein. Hier gilt: Weniger ist mehr. Es sollten nicht mehr als drei Leistungsziele pro Zyklus der Zielvereinbarung, also z. B. pro Jahr, vereinbart werden.

Entwicklungsziele

Entwicklungsziele beziehen sich auf die Kenntnisse und Kompetenzen Ihrer Mitarbeiter und werden aus den Anforderungen abgeleitet, die sich aus den Leistungszielen ergeben. Sinnvoll ist es, Entwicklungsziele strategisch anzugehen und vorausschauend zu planen. Dazu prüfen Sie, welche Kompetenzen und Kenntnisse in Ihrem Team aufgebaut oder weiterentwickelt werden müssen, um zukünftigen Anforderungen gerecht zu werden.

Beispiel

Ein Entwicklungsziel für einen Mitarbeiter aus dem IT-Bereich einer Werbeagentur könnte heißen: „Wir stellen unsere interne Kommunikationsplattform auf Skype um. Herr Y eignet sich bis zum 1.11. dieses Jahres das notwendige Wissen zum Einsatz von Skype an sowie die Fähigkeit, eine Skype-Schulung für alle Mitarbeiter durchzuführen."

Wie Sie Ziele richtig formulieren

Wichtig ist, dass Sie Ziele sehr präzise formulieren. So beugen Sie Missverständnissen vor bei der Zielvereinbarung und später bei der Überprüfung der Zielerreichung.

Drei Grundregeln

Für die Formulierung von Zielen gibt es drei Grundregeln, die Sie immer beachten sollten:

1. **Schreiben Sie Ziele immer auf.** Durch die schriftliche Fixierung werden sie verbindlicher und Sie zwingen sich zu einer genaueren Formulierung.

2 **Beschreiben Sie jedes Ziel, als sei es jetzt erreicht**, und nicht als einen Wunsch, der in der Zukunft liegt. Die Ziele werden dadurch plastischer und greifbarer.
Statt: Bis Ende dieses Jahres soll der Ausschuss bei der Produktion von Produkt x auf unter 3 % gedrosselt werden.
Besser: Der Ausschuss bei der Produktion von Produkt x liegt am 31.12. unter 3 %.

3 **Formulieren Sie Ziele als Ergebnisse** und verwechseln Sie die Ziele nicht mit den Maßnahmen. Maßnahmen sind – bildlich gesprochen – die Wege, auf denen sie das Ziel erreichen. Aber sie sind nicht das Ziel.
Ziel: Herr Y beherrscht die notwendigen Führungsfähigkeiten und hat die Projektleitung übernommen am 1.4.20xx.
Maßnahme: Teilnahme an einer Schulung für Projektleiter, Mitarbeit an einem Projekt in leitender Funktion ab dem 1.4.20xx.

SMART: Ziele konkret, messbar und realistisch formulieren

Erarbeiten Sie die Zielformulierung gründlich mit Ihrem Mitarbeiter, damit Sie beide dasselbe unter dem Ziel verstehen! Die SMART-Kriterien helfen Ihnen dabei:

S wie spezifisch: Ist das Ziel konkret und eindeutig formuliert? Nur so kann sichergestellt werden, dass alle Beteiligten dasselbe darunter verstehen.

M wie messbar: Wann ist das Ziel erreicht? Ziele müssen eindeutig messbare oder beobachtbare Kriterien enthalten, damit Sie überprüfen können, ob und wann das Ziel tatsächlich erreicht ist.

A wie angemessen: Ziele sind dann angemessen für den Mitarbeiter, wenn sie herausfordernd, aber auch erreichbar sind. Sind die Ziele zu niedrig angesetzt, erlahmt die Motivation. Sind sie zu hoch gesteckt oder sind es zu viele, wirken Ziele demotivierend.

R wie realisierbar: Kann der Mitarbeiter das Ziel mit den ihm zur Verfügung stehenden Mitteln und Fähigkeiten erreichen? Andernfalls sollte er wissen, wie er sich fehlende Kenntnisse und Fähigkeiten aneignen kann.

T wie terminiert: Nennen Sie in der Zielformulierung immer ein exaktes Datum, nie einen Zeitraum. So ist die genaue Kontrolle wesentlich einfacher.

Beispiel: So überprüfen Sie Ihr Ziel auf SMART

Ziel: Die Fehlerquote in der Sachbearbeitung liegt zum 30.10. dieses Jahres bei unter 10 %.

1. Ist das Ziel spezifisch genug? Ist es konkret und unmissverständlich? Beantwortet es Fragen wie: In welchem Bereich soll die Fehlerquote gesenkt werden und auf welches Niveau? Welche Arten von Fehlern sollen behoben werden? Spezifischer wäre also die Formulierung: Der Anteil der Kundenbriefe mit Tippfehlern sinkt von 20 % auf 10 %.

2. Ist das Ziel messbar? Dieses Ziel ist messbar. Ausgehend von unseren 10% darf noch einer von 10 Briefen einen Rechtschreibefehler enthalten.

3. Ist das Ziel angemessen? Überprüfen Sie, ob das Ziel zu hoch gesteckt ist. Oft ist ein niedrigeres aber erreichbares Ziel motivierender als ein zu engagiertes Ziel.

4. Ist das Ziel realisierbar durch den Mitarbeiter? Oder ist es von äußeren Einflüssen abhängig? Vielleicht geht es um Faktoren wie Konzentration, Störfaktoren und Höhe des Arbeitsaufkommens. Wie also kann der Mitarbeiter dazu beitragen, dass weniger Fehler gemacht werden? Evtl. ist es nötig, ein weiteres Ziel hinzuzunehmen, z. B. Abbau der Störfaktoren.

5. Ist das Ziel terminiert? In unserem Beispiel ist es das. Macht es eventuell Sinn, in Teilschritten von z. B. 2,5 % pro Quartal vorzugehen, um eine bessere Überprüfbarkeit zu erreichen?

Achtung: Bei einem qualitativen Ziel, wie z. B. „Verbesserung der Servicequalität im Call Center" ist es besonders wichtig, genau zu beschreiben, woran Führungskraft und Mitarbeiter messen werden, ob dieses Ziel erreicht wurde. Mögliche beobachtbare Kriterien könnten sein: Mitarbeiter lächelt beim Telefonieren, er stellt Verständnisfragen, um das Anliegen des Anrufers zu verstehen, er gibt verbindliche Terminzusagen, wann ein Rückruf erfolgen wird,

Ziele im Team formulieren

Vielen erscheint es als eine schwierige, zeitraubende und mitunter lästige Aufgabe, die Mitarbeiter in die Zielfindung und -formulierung einzubinden. Doch ist das oft nur ein Vorurteil. Denn gemeinsame formulierte Ziele bieten erhebliche Chancen für Ihre Mitarbeiter und das Unternehmen:

- Ihre Mitarbeiter sind durch die Einbeziehung meist motivierter, die selbst mitentwickelten Ziele zu erreichen.
- Das Vertrauen ineinander wird gestärkt.
- Ihre Mitarbeiter kennen Ihre Erwartungen bezüglich der Aufgaben und Leistung besser.
- Sie können die Stärken und Schwächen Ihrer Mitarbeiter besser einschätzen und sie dementsprechend einsetzen.
- Sie nutzen die Erfahrungen und kreativen Potenziale der Mitarbeiter zum Vorteil der Abteilung und des Unternehmens.
- Sie fordern Ihre Mitarbeiter und geben Ihrerseits Erfahrungen und Wissen weiter und tragen damit zum Kompetenzaufbau in Ihrem Team bei.

So gehen Sie vor

Leitfaden: Ziele im Team formulieren

1 Übergeordnete Ziele des Unternehmens und Abteilungsziele besprechen

2 Team- und Mitarbeiterziele ableiten

3 Verantwortlichkeiten festlegen

1 **Übergeordnete Ziele des Unternehmens besprechen**
Stellen Sie die Oberziele der Organisation vor und klären Sie Verständnisfragen. Investieren Sie in diesen Punkt ruhig ein wenig Zeit. Menschen sind in der Regel umso motivierter, je besser sie verstehen, welcher Sinn mit dem Ziel verfolgt wird und welcher Nutzen sich für sie daraus ableitet (dies kann auch ein indirekter Nutzen sein, im Sinne von Sicherung des eigenen Arbeitsplatzes, Ermöglichung eines weiteren Karriereschrittes).

2 **Team- und Mitarbeiterziele ableiten**
Im nächsten Schritt diskutieren Sie mit Ihrem Team, wie Sie gemeinsam zum Erreichen dieses Ziels beitragen können. Welches sind die notwendigen Stellschrauben?

3 **Verantwortlichkeiten festlegen**
In diesem Schritt überlegen Sie gemeinsam, wer für welche Aufgaben die Verantwortung übernimmt. Am besten halten Sie dies in einem Plan (wer macht was mit wem bis wann) fest, den Sie regelmäßigen Abständen in Ihren Teamsitzungen kontrollieren.

Beispiel: Gemeinsam Teilziele entwickeln

Vorgegebenes Ziel eines Forschungsinstituts war: Bis zum 1. April 2008 ist ein neuer Rohstoff in vorgegebener Qualität und Quantität zur Weiterverarbeitung bereit gestellt. Unter normalen Umständen wäre dieses Ziel nahezu unmöglich zu erreichen gewesen. Durch die Einbindung der betroffenen Mitarbeiter in die Ausgestaltung der nötigen Teilziele und Maßnahmen konnten Ideen gefunden werden, die die Zielerreichung wahrscheinlicher machten: u. a. das Arbeiten im Mehrschichtbetrieb, die Aufstellung einer weiteren Produktionsanlage und die Optimierung des Testverfahrens für den Rohstoff.

Wie Sie Mitarbeiter beurteilen

In diesem Abschnitt zeigen wir Ihnen, wie Sie bei der Beurteilung vorgehen und wie Sie typische Beurteilungsfehler vermeiden.

Was Sie beim Beurteilen beachten sollten

Beurteilungen treffen wir täglich und in der Regel ohne lange zu überlegen. Doch diese sind häufig sehr subjektiv. Bei der Mitarbeiterbeurteilung müssen Sie nun Ihren subjektiven Anteil an der Beurteilung möglichst gering halten. Dabei können folgende Punkte wichtig sein:

- Beurteilen Sie aufgabenbezogen und nicht personenbezogen. Das heißt, Sie beurteilen anhand der an diesen Arbeitsplatz und den damit verbundenen Aufgaben gestellten Anforderungen.

- Legen Sie eindeutige, beobachtbare Kriterien für Ihre Beurteilungen fest, z. B. überlegen Sie, in welchen Situationen Sie diese Kriterien beobachten können und welche konkrete Beobachtung zu welchem Skalenwert führt.

Typische Beurteilungsfehler vermeiden

Häufig tappt man in Beurteilungsfallen, d. h. man lässt sich unbewusst von Dingen beeinflussen, die mit der erbrachten Leistung eigentlich nichts zu tun haben. Wer diese Fallen kennt, kann sie vermeiden.

- **Überstrahlung**: Ein Beurteilungsmerkmal wird besonders positiv oder negativ bewertet und überstrahlt den Rest. Zum Beispiel wird ein pünktlicher Mitarbeiter von seinem Chef unbewusst auch als zuverlässig und verantwortungsbewusst eingestuft.
- **Der erste Eindruck zählt**: Spätere Beobachtungen oder Eindrücke werden unbewusst geringer gewichtet.
- **Lorbeer-Effekt:** Früher erbrachte besondere Leistungen fließen immer noch in die Beurteilung ein, obwohl sie nichts mit den aktuellen Arbeitsergebnissen zu tun haben.
- **Ähnlichkeits-/Kontrast:** Die Führungskraft legt die eigenen Werte als Maßstab für die Beurteilung an und beurteilt abweichende Eigenschaften des Mitarbeiters schlechter, als sie es tatsächlich sind.
- **Konfliktvermeidung:** Der Beurteiler will Konflikte vermeiden und wählt daher mittlere bis gute Bewertungen.

- **Exempel statuieren:** Der Beurteiler meint er müsse ein Exempel statuieren: Er gibt daher eine schlechtere Beurteilung ab.

Checkliste: So vermeiden Sie Beurteilungsfehler

1 Verwenden Sie Kriterien, die sich auf beobachtbares Verhalten beziehen und nicht auf die Persönlichkeit des Mitarbeiters.

2 Beschreiben Sie die Kriterien eindeutig, um den Spielraum für Fehlinterpretation zu minimieren.

3 Prüfen Sie, was genau bei diesem Kriterium zu bewerten ist. Und in welchen Situationen Sie zu diesem Kriterium den Mitarbeiter beobachten können.

4 Nutzen Sie eine breite Basis an Beobachtungen für Ihre Beurteilung. Dann ergibt sich ein klareres Bild, welche Verhaltensweisen oder Ergebnisse häufiger auftreten, und wann es sich um Ausnahmen handelt.

5 Überprüfen Sie Ihre Beobachtungen und Beurteilung selbstkritisch. Haben Sie den Mut, sich zu hinterfragen und seien Sie sich bewusst, dass Sie sich irren könnten.

6 Machen Sie nicht Ihre eigenen Werte und Ihr eigenes Verhalten zum Maßstab der Beurteilung, sondern beziehen Sie Ihre Beurteilung auf die gestellten Anforderungen des Arbeitsplatzes des Mitarbeiters.

Der Beurteilungsbogen

In den meisten Unternehmen gibt es standardisierte Beurteilungsbögen und damit ist dann auch vorgegeben, dass jedes Jahr alle Kriterien beobachtet und beurteilt werden müssen. Dennoch kann es Sinn machen, im Jahresgespräch bestimmte Schwerpunkte bezüglich der einzelnen Kriterien festzulegen. Binden Sie den Mitarbeiter in die Auswahl dieser Kriterien mit ein, indem Sie gemeinsam überlegen, welche Kriterien im kommenden Jahr besonders wichtig sind.

Was bedeuten die Bewertungsstufen?

Bei Beurteilungsbögen werden 3- bis 7-stufige Skalen verwendet, wobei die 5-stufige Skala am häufigsten verwendet wird. Generell gilt: Je mehr Stufen, desto schwieriger wird es, genau beobachtbare Sachverhalte zu definieren, die eindeutig auf eine Beurteilung auf dieser Stufe hinweisen.

Bitte beachten Sie: Die Mitte der Skala (die Stufe 3) stellt nicht eine Durchschnittsleistung dar, sondern steht für „Anforderungen zu 100 % erfüllt". Demnach entsprechen bei einer 5-stufigen Skala die Stufen 4 und 5 Leistungen, die über den Erwartungen liegen.

1 = Erwartung überhaupt nicht erfüllt

2 = Erwartungen teilweise erfüllt

3 = Erwartung voll erfüllt = 100%

4 = Erwartungen teilweise mehr als erfüllt

5 = Erwartung mehr als erfüllt

Beispiel: Was die Bewertungen auf der Skala bedeuten

Denken Sie daran, dass die Bewertung in keiner Weise den Schulnoten entspricht. Eine Bewertung mit 3 bedeutet, dass der Mitarbeiter die Erwartungen voll erfüllt hat. Dafür ein Beispiel anhand des Kriteriums „Belastbarkeit" bei drei verschiedenen Vertriebsmitarbeiterinnen:

Verhaltensbeispiel 1:
Frau A reagiert gereizt und unfreundlich auf aggressive Kunden. Sie gibt den Auftrag zur Weiterbearbeitung an einen Kollegen ab. Frau A erfüllt die Erwartungen überhaupt nicht. Sie bewerten ihre Belastbarkeit auf der Skala von 1 bis 5 mit der **Stufe 1.**

Verhaltensbeispiel 2:
Frau B reagiert gelassen und freundlich auch bei massiv verärgerten Kunden. Sie bewahrt den Überblick trotz starkem Termindruck. Frau B hat Ihre Erwartungen voll erfüllt. Sie bewerten ihre Belastbarkeit auf der Skala von 1 bis 5 mit der **Stufe 3.**

Verhaltensbeispiel 3:
Frau C schafft es mühelos, aufgebrachte Kunden zu beruhigen und das Geschäft zu einem positiven Abschluss zu bringen. Sie bietet den Kollegen trotz Termindruck jederzeit Unterstützung an. Frau C hat Ihre Erwartung mehr als erfüllt. Sie bewerten ihre Belastbarkeit auf der Skala von 1 bis 5 mit der **Stufe 5**.

Jeder Beurteilungsbogen fängt mit einigen allgemeinen Informationen an:

Beurteilungsbogen für Mitarbeiter/in:	
Name der beurteilenden Führungskraft:	
Datum:	
Funktion:	
Beurteilungszeitraum:	
I. Aufgaben des Mitarbeiters/ der Mitarbeiterin	
▪ … ▪ … ▪ …	

Anschließend folgen die Beurteilungskriterien inkl. dazugehöriger Unterkriterien. Häufig verwenden Unternehmen dabei eine von drei Varianten:

- Kompetenzorientierte Kriterien: Fachkompetenz, Methodenkompetenz, Soziale Kompetenz, Führungskompetenz, etc.
- Von der Strategie oder dem Leitbild abgeleitete Kriterien: Innovationspotential, Zielorientierung, Belastbarkeit, Kundenorientierung, etc.
- Allgemeine Kriterien: Arbeitsquantität, Arbeitsqualität, Kundenorientierung, Teamverhalten, Führungsqualität

Abgeschlossen wird der Beurteilungsbogen häufig mit einem Bereich für Bemerkungen und den Feldern für die Unterschriften des Mitarbeiters und der Führungskraft.
Wichtig ist, dass Sie sich in Ihrer Abteilung, besser noch in Ihrem Unternehmen, darüber einig sind, wann ein Mitarbeiter die Anforderungen voll erfüllt hat (d. h. genau in der Mitte der Skala liegt), wann er darunter liegt und wann darüber. Erst die Konkretisierung der einzelnen Kriterien führt zu einer fairen Ausgangslage für die Beurteilung einzelner Mitarbeiter.

Notieren Sie unterjährig Ihre Beobachtungen

Sie kennen Ihre Mitarbeiter. Das ist gut so. Und doch steckt darin eine Gefahr für die Beurteilung. Kleinere, schrittweise Veränderungen im Verhalten des Mitarbeiters bleiben eventuell unbemerkt und die Beurteilung gleicht sich Jahr für Jahr. Beobachten Sie daher gezielt das Arbeitsverhalten und die Arbeitsergebnisse Ihres Mitarbeiters in konkreten Situationen, in denen sich das Kriterium gut beobachten lässt.

Nutzen Sie, um Ihre Beobachtungen zu protokollieren, einen Beobachtungsbogen (siehe nächste Seite). Diese protokollierten Eindrücke helfen Ihnen, eine möglichst objektive Beurteilung im Mitarbeitergespräch durchzuführen. In der Beurteilung verwässern häufig Ihre eigenen Interpretationen die tatsächlich gemachten Beobachtungen. Als Trick hilft: Tatsächliche Beobachtungen sind das, was Sie sehen oder hören könnten, wenn Sie eine Video-Aufnahme der Situation betrachten würden.

Beispiel

Sie beobachten Ihren Mitarbeiter Herrn Mayer dabei, wie er die Absatzplanung für den Monat Mai erstellt. Herr Mayer schaut dabei ernst und arbeitet mit vielen Pausen, in denen er in die Luft schaut. Sie interpretieren dies als lustloses und wenig engagiertes Arbeitsverhalten – und lassen dies in Ihre Beurteilung oder Ihr Feedback einfließen.

Herr Mayer fühlt sich mit dieser Beurteilung völlig unfair behandelt. Gerade bei dieser Tätigkeit achtet er immer auf besondere Sorgfalt und nimmt sich daher bewusst ausreichend Zeit, konzentriert sich und überprüft häufig gedanklich seine Aufstellung.

Hier sind zwei völlig unterschiedliche Interpretationen ein und derselben Situation entstanden.

Beobachtungsbogen

<table>
<tr><td colspan="2">Name des Mitarbeiters:</td></tr>
<tr><td colspan="2">1. Kriterium: ...</td></tr>
<tr><td colspan="2">Gut zu beobachten in folgenden Situationen
■ ...
■ ...</td></tr>
<tr><td>Datum</td><td>Beobachtung</td></tr>
<tr><td></td><td></td></tr>
<tr><td></td><td></td></tr>
</table>

<table>
<tr><th colspan="2">2. Kriterium: ...</th></tr>
<tr><td colspan="2">Gut zu beobachten in folgenden Situationen
▪ ...
▪ ...</td></tr>
<tr><th>Datum</th><th>Beobachtung</th></tr>
<tr><td></td><td></td></tr>
<tr><td></td><td></td></tr>
</table>

Geben Sie Ihrem Mitarbeiter unterjährig regelmäßig Feedback zu Ihren Beobachtungen. So unterstützen Sie seine Bemühungen, sich gezielt weiterzuentwickeln. Informationen zu solchen Feedbackgesprächen finden Sie im Abschnitt „Effektives Feedback geben".

Gesprächstechniken: Wie Sie verständlich kommunizieren

Zusätzlich zum bisherigen Handwerkszeug stellen wir Ihnen hier kurz einige Grundlagen der Kommunikation sowie wichtige Gesprächstechniken vor, die für Jahresgespräche, Zielvereinbarungen und Mitarbeiterbeurteilungen sehr hilfreich sind.

Kommunikation ist nie eindeutig

Gespräche scheinen so einfach zu sein. Man sagt etwas und glaubt, dass der andere es genauso versteht. Doch das ist leider nicht immer der Fall. Häufig kommt es zu Missverständnissen. Warum das so ist, lässt sich anhand des Sender-Empfänger-Modells nachvollziehen.

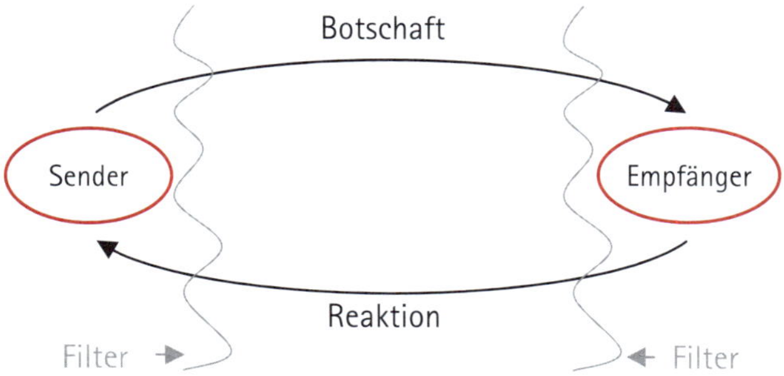

Sender – Empfänger-Modell nach Shannon und Weaver

Das Modell verdeutlicht, durch welche Filter die Botschaften des Senders laufen, bevor sie beim Empfänger ankommen. Der Sender verpackt seine Botschaft in Zeichen (das sind Worte, aber auch Gestik, Mimik, Stimme, Haltung und anderes). Abhängig von verschiedenen Filtern (Erfahrungen, Vorannahmen, physischer Zustand, Umgebung oder Stimmung) trifft er eine Auswahl der Informationen: Er lässt bestimmte Informationen weg, andere betont er oder gibt ihnen eine Färbung, z. B. durch Mimik und Tonfall.

Der Empfänger wiederum nimmt diese Botschaften durch zahlreiche Filter auf – und interpretiert sie, gewichtet und bewertet sie. Zwischen dem, was ein Sprecher sagen möchte und dem, was beim Zuhörer ankommt, liegen manchmal Welten und daher viel Potenzial für Missverständnisse.

Besser verstehen mit dem Vier-Seiten-Modell

Das Vier-Seiten-Modell, das von Friedemann Schulz von Thun entwickelt wurde, ist ein hilfreiches Instrument, mit dem Sie Ursachen von Missverständnissen leichter nachvollziehen und diese somit vermeiden können. Die These: Wenn Sie Ihrem Mitarbeiter etwas sagen, dann beinhaltet Ihre Mitteilung

- einen **Sachinhalt** (eine Nachricht, die die Sache betrifft),
- einen **Beziehungsaspekt** (Sie sagen etwas über Ihre Beziehung zu Ihrem Mitarbeiter),
- eine **Selbstoffenbarung** (Sie treffen eine Aussage über sich selbst) und
- einen **Appell** (Sie fordern Ihren Mitarbeiter zu etwas auf).

Die vier Seiten sind häufig unbewusst, d. h. sie werden nicht explizit ausgedrückt, Missverständnisse sind vorprogrammiert.

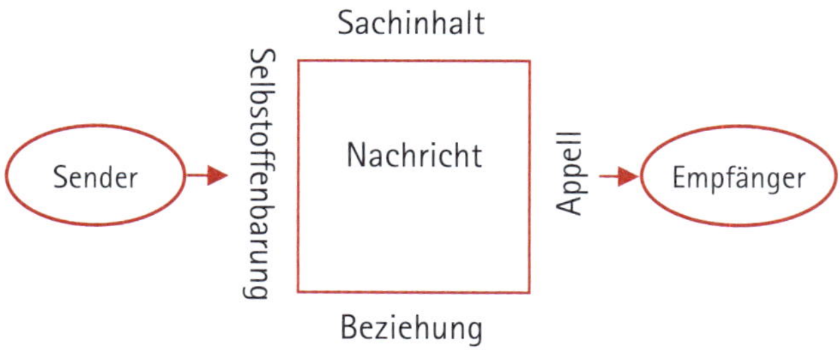

Vier Seiten einer Nachricht nach Schultz von Thun

Beispiel

Sie kennen die Situation, wenn jemand in ein Zimmer kommt und sagt: „Hier ist es aber kalt." Hört jemand den Sachinhalt könnte er bestätigen: „Stimmt, es sind nur 18 ° C". Hört er den Appell in dieser Botschaft, so wird er wahrscheinlich aufstehen und die Heizung hochdrehen.

Die vier Seiten Ihrer Mitteilung können, je nachdem, mit wem Sie sprechen, auch unterschiedlich verstanden werden: Hierarchieebenen, die Art der Beziehung zwischen Ihnen und Ihrem Mitarbeiter, dessen emotionale Befindlichkeit und seine Selbsteinschätzung spielen dabei eine Rolle.

Beispiel

Herr Braun fragt zuerst Herrn Leicht und später Frau Simon: „Wie läuft das Projekt X?" Die vier Seiten der Botschaft von Herrn Braun lauten:

Sachinhalt: Herr Braun kennt den Stand bei Projekt X nicht und will ihn wissen.

Appell: Sagen Sie mir, was der Stand ist!

Beziehung: Ich kann von Ihnen erwarten, dass Sie es wissen.

Selbstoffenbarung: Ich bin gerade nicht auf dem Laufenden.

Herr Leicht glaubt, dass sein Chef ihn für einen schlechten Mitarbeiter hält. Er könnte seine Frage so auffassen:
Sachinhalt: Herr Braun kennt den Stand bei Projekt X nicht und will ihn wissen.
Appell: Schauen Sie, dass Sie alles besser im Griff haben!
Beziehung: Sie sind ein unzuverlässiger Mitarbeiter. Wahrscheinlich sind Sie – wie so oft – zu spät dran.
Selbstoffenbarung: Ich bin ungeduldig.

Frau Simon ist überzeugt, dass Herr Braun ihre Arbeitsweise schätzt. Sie könnte seine Frage so verstehen:
Sachinhalt: Herr Braun kennt den Stand bei Projekt X nicht und will ihn wissen.
Appell: Bringen Sie mich auf den Stand der Dinge!
Beziehung: Sie kennen sich im Moment besser aus, daher frage ich Sie.
Selbstoffenbarung: Ich habe mich in letzter Zeit nicht darum gekümmert.

So nutzen Sie das Vier-Seiten-Modell in Gesprächen

Seien Sie sich also bewusst, dass in einem Jahresgespräch viele verschiedene Botschaften mitschwingen. Wenn Sie feststellen, dass eine von Ihnen sachlich gemeinte Botschaft missverstanden wird und Ihr Mitarbeiter emotional reagiert, klären Sie das Missverständnis auf und wiederholen Sie in anderen Worten den Sachinhalt Ihrer Mitteilung. Wenn Sie an Ihren Mitarbeiter eine Botschaft auf der Appellebene senden wollen, machen Sie dies deutlich, z. B. indem Sie sagen: „Mir ist es wirklich wichtig, dass Sie ...!“.

Wie Sie eine gute Gesprächsbasis aufbauen

Sicherlich haben Sie schon beobachtet, dass Menschen, die einen guten Draht zueinander haben, sich in vielen Dingen angleichen: Sie sprechen in ähnlicher Geschwindigkeit und Lautstärke, nehmen eine ähnliche Körperhaltung ein und vieles mehr. In der Psychologie wird diese Verhalten „Rapport" genannt. Und diese Beobachtung lässt sich in der umkehrten Richtung einsetzen.

Aus einer wertschätzenden Haltung heraus und mit dem Wunsch, den anderen zu verstehen, bauen Sie Rapport mit Ihrem Gesprächspartner auf, indem Sie sich angleichen in

- Ihrer Körperhaltung,
- Ihre Körperbewegungen,
- der Lautstärke Ihrer Stimme,
- Ihrer Sprechgeschwindigkeit,
- Ihrer verwendeten Sprache, z. B. benutzt er viele Fachbegriffe oder redet er eher umgangssprachlich.

Achten Sie darauf, dass Sie Ihren Gesprächspartner nicht einfach nur „nachahmen". So erzeugen Sie eher Misstrauen und Irritation. Bei der Technik des Rapports geht es vielmehr darum, sich ernsthaft in den Gesprächspartner hineinzuversetzen.

Wie Sie deutlich formulieren

Das Jahres- und Zielvereinbarungsgespräch ist *die* Gelegenheit, jenseits des Tagesgeschäfts Ihre Erwartungen an den Mitarbeiter zu formulieren – und zwar in Bezug auf sein Arbeitsverhalten und sein Arbeitsergebnis. Tun Sie dies klar, eindeutig und konkret.

> Nichts ist für den Mitarbeiter demotivierender als wachsweiche, verwässerte Aussagen und ein „um-den-heißen-Brei-herum-Reden".

- **Vermeiden Sie Weichmacher**
  Streichen Sie Wörter wie „manchmal", „etwas", „vielleicht", „eigentlich" aus Ihrem Vokabular. Menschen nutzen solche Weichmacher oft, weil sie den Gesprächspartner nicht verletzten wollen. Aber auch, weil sie sich selbst zu wenig Gedanken darüber gemacht haben, was genau sie sagen wollen. Vermeiden Sie dies, indem Sie sich vorbereiten und klarmachen, worauf Sie hinauswollen.
- **Sprechen Sie für sich**
  Sagen Sie „ich" und verstecken Sie sich nicht hinter dem unpersönlichen Wort „man".
- **Formulieren Sie in der Wirklichkeitsform (Indikativ)**
  Vermeiden Sie die Möglichkeitsform (Konjunktiv). Sagen Sie: „Ich erwarte ..." und nicht: „Sie sollten ..." oder „Könnten Sie ...?"
- **Nennen Sie Beispiele**
  Untermauern Sie Ihre Einschätzungen oder Erwartungen mit Beispielen. Dann kann der Mitarbeiter nachvollziehen,

aufgrund welcher Eindrücke Sie Ihre Einschätzung getroffen haben bzw. was Sie konkret von ihm erwarten.

- **Weniger ist mehr**
  Konzentrieren Sie sich auf wenige, aber für die Arbeit relevante Punkte. Lieber sprechen Sie nur wenige Punkte an, die aber dafür große Auswirkung auf die Arbeitsergebnisse des Mitarbeiters haben werden, als dass Sie sich viele Aspekte vornehmen und zu schwammig kommunizieren.
- **Erklären Sie, was Ihnen wichtig ist**
  Erklären Sie genau, was Sie meinen, auch vermeintlich „eindeutige" Begriffe, wie z. B. „Pünktlichkeit". Denn selbst wenn Sie sich darauf einigen, dass der Mitarbeiter seine Pünktlichkeit verbessern wird, können Sie immer noch völlig unterschiedliche Ansichten darüber haben, wann jemand pünktlich ist.
- **Treffen Sie klare Vereinbarungen**
  Um sicherzustellen, dass bei Ihrem Mitarbeiter angekommen ist, was Sie ihm mitteilen wollten, formulieren Sie gemeinsam eine verbindliche Vereinbarung für die Zukunft. Entscheiden Sie, ob sie diese nur mündlich treffen wollen oder schriftlich fixieren möchten.

Aktives Zuhören

„Zuhören – klar, kann ich das. Mach ich doch auch". Von wegen. Denn Zuhören, noch dazu „aktives Zuhören", ist nicht so leicht, wie man meinen könnte, und braucht Übung.

> Zuhören ist einer der wesentlichsten Bestandteile in einem konstruktiven Gespräch – und einer der am meisten unterschätzten.

Die Vorteile dieser Gesprächstechnik sind eindeutig:

- Für die Beziehung zum Gesprächspartner: Durch aktives Zuhören entsteht eine Atmosphäre der Sicherheit, der Partner fühlt sich wertgeschätzt und akzeptiert.
- Für den Inhalt: Das Gespräch gewinnt an inhaltlicher Substanz, es werden klare Lösungen erreicht, ohne Missverständnisse zu produzieren.

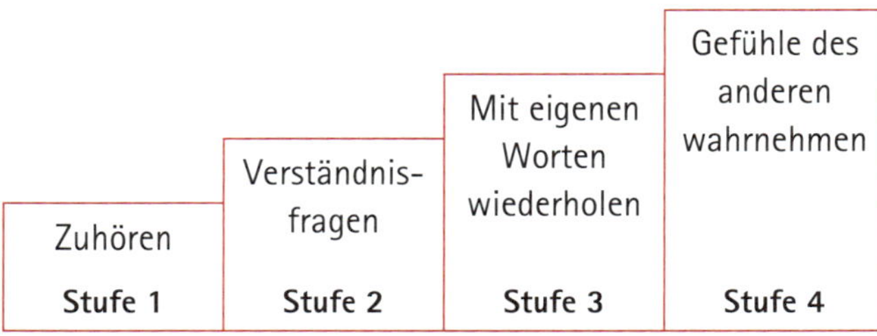

Aktiv zuhören in vier Stufen

1. Stufe: Bewusst und aufmerksam Zuhören

Auf dieser Stufe geht es zunächst darum, wirklich hinzuhören. Unterbrechen Sie Ihren Gesprächspartner nicht und lassen Sie ihm Zeit, seine Gedanken zu formulieren. Im Alltag sind Menschen meist schon dabei, ihre eigene Antwort auf das Gesagte zu formulieren. Versuchen Sie dies nicht zu tun, sondern bleiben Sie mit Ihrer Aufmerksamkeit beim Gesprächspartner. Nicken, interessierter Blickkontakt und Äußerungen wie „mmhm" oder „ja" zeigen Ihrem Gesprächspartner, dass Sie im Kontakt mit ihm sind.

Für die Kommunikation ist es hilfreich, wenn solche Signale gesendet werden. Das bedeutet nicht, dass Sie dem Inhalt der Nachricht zustimmen, es ist lediglich ein Signal dafür, dass die Nachricht bei Ihnen angekommen ist.

2. Stufe (bei Bedarf): Verständnisfragen stellen

In dieser Phase zeigen Sie, dass Sie „verstehen wollen". Sollte Ihnen etwas unklar sein, fragen Sie nach und erbitten mehr Detailinformationen, bis Sie den Sachverhalt verstanden haben.

3. Stufe: Inhalte zusammenfassen

Sie fassen die Inhalte mit eigenen Worten zusammen, indem Sie z. B. die Schlüsselbegriffe wiederholen und paraphrasieren.

- Sie denken also, dass ...
- Ich höre heraus, dass Sie der Auffassung sind ...
- Wenn ich Sie richtig verstehe ...
- Sagen Sie mir, wenn ich mich irre ...
- Ich sehe, am meisten interessieren Sie sich in diesem Projekt für die folgenden Punkte: ...

Fragen Sie nach! So zeigen Sie Interesse an Ihrem Gesprächspartner, ermuntern ihn zum Weiterreden und klären, wenn Sie etwas nicht verstanden haben:

- Habe ich Sie richtig verstanden …?
- Meinen Sie, dass …?

Diese Stufe hat zwei Vorteile: Sie verkleinert das Potenzial für Missverständnisse erheblich, weil Ihr Gesprächspartner die Chance hat, Sie zu korrigieren, wenn Sie ihn falsch wiedergeben. Der zweite und mindestens genauso wichtige Punkt ist, dass Sie Ihrem Mitarbeiter wirklich zuhören, ihn somit besser kennen lernen und ihm gegenüber Wertschätzung zeigen.

4. Stufe: Gefühle wahrnehmen und ansprechen

In diesem Schritt wiederholen Sie nicht nur das Gehörte, sondern Sie richten Ihre Aufmerksamkeit auch auf die Gefühle Ihres Gesprächspartners. Dies gibt ihm die Chance, seine Gefühle besser wahrzunehmen und Ihre Aussage gegebenenfalls zu korrigieren: „Und das macht Ihnen Angst?" – „Nein, das macht mich wütend." Wichtig: Es geht darum, die Gefühle zu beschreiben, nicht darum, diese zu bewerten oder zu interpretieren!

Beispiel: Aktiv zuhören in vier Stufen

Ihre Mitarbeiterin Frau Baum: „Das ist jetzt schon das dritte Jahresgespräch, bei dem Sie mir für meinen Auslandswunsch eine Absage erteilen, bei Frau Keller ging das schneller."

Antworten auf den drei Stufen des aktiven Zuhörens:

Stufe 1: „Ja, das stimmt."

Sie haben Ihrer Mitarbeiterin zugehört und ihr signalisiert, dass Sie Ihrer Aussage auf der sachlichen Ebene zustimmen.

Stufe 2 kann in diesem Beispiel entfallen, da der Sachverhalt eindeutig ist.

Stufe 3: „Sie finden also, dass Frau Keller schneller die Möglichkeit bekommen hat, ins Ausland zu gehen."

Hier stellen Sie Ihre eigene Meinung zurück und laden Ihre Mitarbeiterin durch Ihre Wiederholung dazu ein, sich weitergehend zu dem Thema zu äußern.

Stufe 4: „Es ärgert Sie, dass ich Ihnen Ihren Wunsch wieder ausschlage. Insbesondere weil Frau Keller nun eine Zusagen bekommen hat. Sie finden das ungerecht. Stimmt das?"

Indem Sie Ihre wahrgenommenen Gefühle ansprechen, zeigen Sie, dass Sie auch diese Seite der Nachricht „gehört" haben und dass Sie diese Gefühle ernst nehmen. Und Sie signalisieren Ihre Bereitschaft, tiefer ins Thema einzusteigen.

Warten Sie nun noch auf das zustimmende Signal von Frau Braun, das Ihnen zeigt: „Ja, Sie haben mich richtig wiedergegeben!" Jetzt können Sie auf das eingehen, was Sie erfahren haben, z. B. das Thema „Ungerechtigkeit".

Versuchen Sie bei der Technik des aktiven Zuhörens auf die Wörtchen „Ja, aber" zu verzichten. Sie sind ein Indiz dafür, dass Sie bei Ihren eigenen Gedanken und Gefühlen sind und das hat mit Zuhören meist nichts zu tun.

Wie Sie mit Fragen führen

Indem Sie das Gespräch mit Fragen führen, bekunden Sie ernsthaftes Interesse gegenüber Ihrem Mitarbeiter, an seinen Gedanken, Sichtweisen, Sorgen und Ideen. Dadurch fühlt sich der Mitarbeiter ernst genommen und Sie binden ihn stärker in das Gespräch mit ein. Dies ist die Basis für ein vertrauensvolles und konstruktives Gespräch. Durch Fragen können Sie zudem unterschiedliche Sichtweisen verstehen und versuchen, eine gemeinsame Lösung zu finden.

Wann Sie offene Fragen einsetzen

Offene und geschlossene Fragen erfüllen ganz unterschiedliche Funktionen in einem Gespräch. Offene Fragen – meist W-Fragen genannt: wer, was, wann, warum, wie, wo – sind nützlich, wenn

- Sie Ihren Gesprächspartner zum Nachdenken anregen wollen,
- Sie mehr über die Gedanken und Gefühle Ihres Gesprächspartners erfahren wollen,
- Sie nach verschiedenen Lösungsmöglichkeiten suchen,
- das Gespräch stockt.

Beispiel: Offene Fragen

Wie geht es Ihnen damit?
Welche Gedanken haben Sie sich dazu gemacht?
Was davon sehen Sie als wichtig an?
Wie müsste das Ziel lauten, damit Sie sich dabei wohl fühlen?
Wo sehen Sie Ihre Stärken?
Womit haben Sie eher Schwierigkeiten?
Was ist Ihnen im letzten Jahr/Projekt besonders gut gelungen?
Welche Fragen haben Sie noch dazu?

Wann Sie geschlossene Fragen einsetzen

Geschlossene Fragen stellen Sie, wenn Sie Zustimmung oder Ablehnung erfragen wollen. Sie eignen sich z. B. für das Ende eines Gesprächs bzw. eines Gesprächsabschnitts, wenn Sie zusammenfassen oder das Einverständnis Ihres Gesprächspartners abfragen.

Beispiel: Geschlossene Fragen

Trifft diese Formulierung Ihre Vorstellungen?

Ist das für Sie wichtig?

Können wir das so festhalten?

Ist das Ziel so verständlich formuliert?

Stellen Sie lösungsorientierte Fragen

Wer fragt, der führt. Nur wohin? Mit jeder Frage lenken Sie die Aufmerksamkeit in eine bestimmte Richtung. Das kann sowohl in Richtung auf das Problem als auch in Richtung der Lösung sein. Wenn Sie problemorientiert fragen, werden Sie vielfach Rechtfertigungen und Gründe fürs Scheitern hören. Auf die Frage „Warum schaffen Sie nur so wenige Abschlüsse im Vergleich zu den anderen Mitarbeitern?" wird der Mitarbeiter seine Aufmerksamkeit darauf richten, warum etwas nicht funktioniert.

Wenn Sie dagegen in Richtung einer möglichen Lösung fragen, helfen Sie Ihrem Mitarbeiter, lösungsorientiert zu denken, d. h. sich auf die Suche danach zu machen, wie etwas – trotz aller Schwierigkeiten – funktionieren könnte.

Beispiel: Lösungsorientierte Fragen

Wie können Sie den Punkt „Anzahl der Abschlüsse" im kommenden Jahr noch verbessern?

Was müsste passieren, damit es klappen kann?

Wie würde jemand anderes an dieses Thema herangehen?

Mal angenommen, es gäbe keinerlei Einschränkungen, wie würden Sie dann an die Problemlösung herangehen?

Wie haben Sie bisher ähnliche Probleme gelöst?

Ich-Aussagen

Mit einer Ich-Botschaft geben Sie etwas von Ihren eigenen Gedanken und Gefühlen preis. Im Gegensatz dazu wird bei einer Du-Botschaft eine Aussage über den anderen gemacht, durch die sich der andere schnell angegriffen fühlt. So wird z. B. sehr rasch aus dem Empfinden „Ich fühle mich von Ihnen übergangen" die Aussage „Sie sind rücksichtslos".

Ich-Aussagen sind wichtig, um Feedback zu geben, um eigene Erwartungen und Wertvorstellungen dazulegen und um unterschiedliche Sichtweisen einander gegenüberzustellen.

Du-Botschaften	Ich-Botschaften
Da haben Sie haben mich falsch verstanden.	Vielleicht habe ich mich da missverständlich ausgedrückt.
Ihr Vorschlag ist unbrauchbar.	Ich sehe das anders.
Sie immer mit Ihrer vorschnellen Kritik.	Ich sehe in diesem Vorschlag durchaus etwas Positives.
Sie sagen doch nie etwas.	Mich würde Ihre Meinung dazu interessieren.
Da kennen Sie sich nicht aus.	Ich vermute, Ihnen fehlen ein paar wichtige Informationen.

Vermeiden Sie störendes Verhalten

Vermeiden Sie Verhalten, das Sie und ihren Gesprächspartner vom Gespräch ablenkt und Ihrem Gegenüber signalisieren könnte „Sie sind mir unwichtig, ich langweile mich". Zu diesen Verhaltensweisen gehört es, wenn Sie

- mit einem Kugelschreiber spielen,
- das Handy anlassen,
- den Blickkontakt abbrechen,
- aus dem Fenster schauen,
- im Raum herumlaufen,
- nebenher Unterlagen durchschauen,
- Ihren Gesprächspartner fixieren oder anstarren,
- durch eigene Themen von den Themen des Mitarbeiters ablenken.

> Damit gerade bei längeren Gesprächen wichtige Themen nicht verloren gehen, empfiehlt es sich, Notizen zu machen. Informieren Sie aber zuvor Ihren Mitarbeiter. Sonst könnte er es als ein störendes Verhalten wahrnehmen.

Auf einen Blick: Ihr Handwerkszeug

- Aus einem übergeordneten Ziel entwickeln Sie die Ziele für die einzelnen Mitarbeiter Ihres Teams: Das übergeordnete Ziel wird heruntergebrochen auf die Mitarbeiterebene.
- Es gibt verschiedene Zielarten, darunter die Leistungsziele, die sich auf die Leistungsergebnisse eines Mitarbeiters beziehen, und die Entwicklungsziele, die sich auf die Kompetenzen und Kenntnisse eines Mitarbeiters beziehen.
- Die Formel SMART steht für fünf Kriterien, die für die Zielformulierung sehr hilfreich sind. Sie lauten: spezifisch, messbar, angemessen, realisierbar und terminiert.
- Verwenden Sie bei der Mitarbeiterbeurteilung klar definierte Kriterien, die am konkreten Verhalten der Mitarbeiter beobachtbar sind.
- Kommunikation ist nie eindeutig. Hören Sie aktiv zu und fragen Sie gezielt nach. Dies verringert die Gefahr von Missverständnissen.
- Beim aktiven Zuhören hören Sie zunächst bewusst und aufmerksam zu, dann fragen Sie nach und fassen zusammen und schließlich artikulieren Sie wahrgenommene Emotionen.

So bereiten Sie sich vor

Um möglichst effektive Jahres- und Zielvereinbarungsgespräche zu führen, sollten sowohl die Führungskraft als auch die Mitarbeiter sich auf das Gespräch gründlich vorbereiten.

In diesem Kapitel lesen Sie,

- was Sie vorab organisieren und welche Termine Sie vereinbaren sollten,
- wie Sie sich auf die Zielvereinbarung und die Mitarbeiterbeurteilung vorbereiten,
- wie Sie den Entwicklungsbedarf und das Potenzial Ihrer Mitarbeiter einschätzen.

Schlüssel zum Erfolg: gründlich vorbereiten

Welchen Einfluss eine gründliche Vorbereitung auf die Wirkung und das Ergebnis eines Gespräches hat, versuchen wir in dieser Grafik nachvollziehbar zu machen.

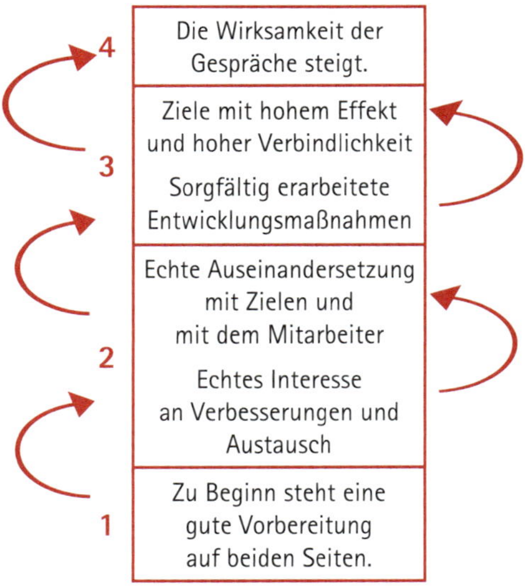

Die positiven Folgen einer guten Vorbereitung

Umgekehrt kann es sich negativ auswirken, wenn ein Jahresgespräch schlecht vorbereitet ist.

1 Die schlechte Vorbereitung führt dazu, dass ungenau ausgearbeitete Ziele vereinbart oder Ziele pro forma erfunden sowie Ad-hoc-Beurteilungen vorgenommen werden, die nicht fundiert sind.

2 Solche Gespräche werden zumeist lustlos als Pflichtveranstaltungen geführt.

3 Es folgen konfliktreiche Gespräche, weil die Mitarbeiter sich ungerecht beurteilt fühlen. Die Ziele werden im Alltag nicht verfolgt. Und die Mitarbeiter sind frustriert, weil keine konkreten Maßnahmen formuliert wurden.

4 Schließlich verschlechtert sich die Beziehung zwischen Führungskraft und Mitarbeiter, die Wirksamkeit von Jahresgespräch als Führungsinstrument nimmt ab. Und letztlich erlischt mit der Freude am Austausch die innerbetriebliche Kommunikation.

Was Sie vorab organisieren

Bei der organisatorischen Vorbereitung geht es darum, dass Sie einen angenehmen Raum auswählen, den passenden Termin vereinbaren, die notwendigen Unterlagen zusammentragen und den Mitarbeiter offiziell einladen – im besten Falle sogar schriftlich. Was dabei jeweils im Einzelnen zu beachten ist, stellen wir Ihnen im Folgenden vor.

> Eine gründliche organisatorische Vorbereitung kostet nicht viel Zeit. Sie zeigen Ihrem Mitarbeiter damit aber, dass Sie ihn wertschätzen.

Wo führen Sie die Jahresgespräche?

Berücksichtigen Sie bei der Raumauswahl, dass Sie ein offenes Gespräch auf „Augenhöhe" mit Ihrem Mitarbeiter führen wollen und sich Orte, an denen man ungestört reden kann, positiv auf die Gesprächsatmosphäre auswirken. Aufgeräumte Orte wirken außerdem freundlicher.

Meist findet das Gespräch in Ihrem Büro oder in einem Besprechungszimmer statt.

- **Besprechungszimmer**
  Das große Plus eines Besprechungszimmers ist seine Neutralität: Hier haben weder Sie noch Ihr Gesprächspartner einen Heimvorteil. Außerdem sind Störungen und Unterbrechungen leichter zu vermeiden.
- **Ihr Büro**
  Hier sollten Sie Jahresgespräche nur führen, wenn Sie außer Ihrem Schreibtisch einen Besprechungstisch zur Verfügung haben. Der Tisch muss frei von Unterlagen, Zeitschriften etc. sein. Wichtig ist, dass Sie nicht gestört werden. Also: Telefon umstellen und „Bitte-nicht-stören"-Schild an die Tür bzw. Assistenten Bescheid geben.

Wählen Sie eine förderliche Sitzordnung

Neben dem Raum hat auch die Sitzordnung großen Einfluss auf die Atmosphäre des Gesprächs. Optimal für ein Jahresgespräch ist eine kommunikative, offene Sitzweise, idealerweise über Eck, so dass Sie und Ihr Gesprächspartner sich nicht frontal gegenübersitzen. Eine frontale Sitzordnung, noch dazu am Schreibtisch des Chefs, kann beim Mitarbeiter zu einem Gefühl von Unterlegenheit führen.

Planen Sie rechtzeitig und ausreichend

Sowohl Ihre Vorbereitung als auch das Gespräch selbst benötigen Zeit. Planen Sie daher ausreichend Zeitkapazitäten dafür ein.

1 **Termin für die Vorabinformation Ihrer Mitarbeiter**
Planen Sie ausreichend Zeit für Ihre eigene Vorbereitung ein, so dass Sie die Möglichkeit haben, Ihre Beurteilungen nochmals kritisch durchzugehen. Rechnen Sie pro Gespräch mit 1 bis 1,5 Stunden für die inhaltliche Vorbereitung.

2 **Termine für die einzelnen Jahresgespräche**
Legen Sie den Termin für die Jahres- oder Zielvereinbarungsgespräche so, dass Sie sich gut darauf konzentrieren können. Und informieren Sie Ihre Mitarbeiter rechtzeitig – z. B. in einem Teammeeting – ungefähr drei Wochen vor den ersten Jahresgesprächen.

3 **Planen Sie genug Zeit für das Gespräch ein**
Planen Sie für ein Jahresgespräch 1,5 bis 2 Stunden ein, für ein Zielvereinbarungsgespräch 1 bis 1,5 Stunden.

4 **Bauen Sie Puffer ein**
Setzen Sie die Termine für die Jahresgespräche so, dass Sie davor und danach mindestens 30 Minuten Zeit haben, um sich auf den Mitarbeiter einzustimmen und das Gespräch in seinen Eckpunkten nochmals durchzugehen bzw. nach dem Gespräch Zeit für die sofortige Nachbereitung haben.

Damit stellen Sie sicher, dass Sie gedanklich nicht noch mit dem vorangegangenen oder dem nachfolgenden Termin beschäftigt sind.

5 **Achten Sie auf eine günstige Zeit**
Wählen Sie eine Tageszeit aus, an der Sie und Ihr Mitarbeiter fit sind, also vielleicht nicht gerade nach einem schweren Mittagessen. Termine am späten Nachmittag eignen sich gut, weil sie die Möglichkeit bieten, nach dem Gespräch nach Hause zu gehen.

Planen Sie Zeit ein für Themen, die Ihr Mitarbeiter mit Ihnen besprechen will. Sonst geraten Sie schnell unter Zeitdruck und demotivieren Ihren Mitarbeiter letztendlich.

Welche Unterlagen Sie benötigen

Für den Rückblick benötigen Sie die Unterlagen des letztjährigen Gesprächs. Dazu können gehören: das Gesprächsprotokoll, die schriftlichen Zielvereinbarungen sowie die Vereinbarungen zum Entwicklungsbedarf. Für den Ausblick auf das kommende Jahr legen Sie sich die neuen Ziele, die Sie vereinbaren wollen, den aktuellen Beurteilungsbogen, Ihre unterjährigen Notizen bzw. Beobachtungsbögen über Verhalten und Leistung Ihres Mitarbeiters bereit.

Grundsätzlich ist ein grober Gesprächsleitfaden nützlich (siehe Kapitel „So führen Sie ein Jahresgespräch durch"). Für die Dokumentation des Gesprächs gibt es in vielen Unternehmen offizielle Gesprächsbögen. Andernfalls können Sie unser Protokollformular nutzen (siehe „Schritt 7: Vereinbarungen schriftlich festhalten").

Wie Sie zum Jahresgespräch einladen

Damit Ihre Mitarbeiter genügend Zeit für die Vorbereitung haben, schicken Sie jedem ungefähr zwei Wochen vor dem Gespräch eine schriftliche Einladung, in der Sie Termin, Dauer und Ort sowie grob den Gesprächsinhalt und den Ablauf des Gesprächs mitteilen. Außerdem fordern Sie Ihren Mitarbeiter auf, sich auf das Gespräch vorzubereiten. Schicken Sie ihm am besten einen Vorbereitungsbogen mit oder verweisen Sie auf den Speicherort (z. B. Intranet), an dem er dieses Dokument finden kann (vgl. den folgenden Abschnitt „Die Zielvereinbarung vorbereiten").

Beispiel

Sehr geehrter Herr Winter,

zum Jahresgespräch lade ich Sie hiermit für den 28. Januar um 15.00 Uhr ein. Das Gespräch findet im Besprechungszimmer 5.3 statt. Ich habe zwei Stunden für dieses Gespräch vorgesehen.

Folgende Punkte möchte ich mit Ihnen besprechen:

- Rückblick auf das vergangene Jahr inkl. Zielerreichung
- Ziele für das kommende Jahr
- Beurteilung für das vergangenen Jahr
- Ihre weitere persönliche Entwicklung im Unternehmen

Ich bitte Sie, sich zu diesen Themen Gedanken zu machen.

Im Anhang lege ich einen Vorbereitungsbogen bei, den Sie für Ihre Vorbereitung unseres Gesprächs nutzen können.

Ich freue mich auf ein offenes und konstruktives Gespräch mit Ihnen.

Mit freundlichen Grüßen
Monika Müller

Checkliste: Organisatorische Vorbereitung

Zeitplan	✓
▪ Mitarbeiter über anstehende Gespräche informiert?	
▪ Termin für die eigene Vorbereitung geblockt?	
▪ Termin für das Gespräch festgesetzt und im Kalender geblockt? Vor- und Nachbereitungszeit eingeplant?	
Raumreservierung	
▪ Raum ausgewählt und reserviert?	
▪ Assistenten informiert? „Bitte nicht stören"-Schild bereitgelegt?	
Mitarbeiter/in einladen (ca. 2 Wochen vorher)	
▪ Datum, Dauer und Ort mitgeteilt?	
▪ Gesprächsinhalte und Gesprächsablauf vermittelt?	
▪ Vorbereitungsbogen übermittelt und zur Vorbereitung angehalten?	
Unterlagen	
▪ Zielvereinbarung und Gesprächsprotokoll aus dem vorigen Jahr	
▪ Beurteilungsbogen und Beobachtungsnotizen	
▪ Vorbereitungsbogen des/r Mitarbeiters/in	
▪ Gesprächsleitfaden für das anstehende Gespräch	

Die Zielvereinbarung vorbereiten

Im Vorfeld des Zielvereinbarungsgesprächs sollten Sie folgendes erledigen:

- Ihr gesamtes Teams vorab informieren,
- die Zielerreichung der einzelnen Mitarbeiter prüfen und
- jeweils die neue Zielvereinbarung vorbereiten.

Mitarbeiter vorab informieren

Informieren Sie Ihr Team vorab, z. B. per E-Mail, besser aber in einer regulären Teambesprechung und eventuell mit einer kurzen Präsentation. Hilfreich ist es, wenn Sie Ihren Mitarbeitern dabei einige Eckpunkte zum Status quo, den Teamzielen usw. zur Verfügung stellen. Das hat den Vorteil, dass sich Ihre Mitarbeiter bei der Vorbereitung auf die Einzelgespräche selbst nochmals kundig machen können.

Checkliste: Inhalte der Vorabinformation

- Die Kerninformationen für das vergangene Jahr: Welche Abteilungsziele hatten Sie vereinbart, welche wurden erreicht? Wo ist noch Verbesserungsbedarf?
- Der Stand des Teams aus Ihrer Sicht
- Grobe Übersicht über die neuen Ziele für Ihr Team
- Besprechung der Ziele mit Ihren Mitarbeitern
- Klärung von Verständnisfragen

- Aufforderung an Ihre Mitarbeiter, sich auf die anstehenden Jahresgespräche vorzubereiten
- Aushändigung der Formulare für die eigene Vorbereitung der Mitarbeiter

Vorbereitung der Einzelgespräche

Sie können sich anhand der Fragen in der folgenden Liste auf jedes Gespräch vorbereiten. Suchen Sie sich die für Sie und Ihre Mitarbeiter relevanten Fragen heraus. Ihren Mitarbeitern können Sie eine Liste mit den gleichen Fragen geben, die lediglich auf deren Sicht umformuliert sind.

Vorbereitungsfragen: Zielerreichung

Für die Führungskraft

- Welche Ziele hatten Sie und Ihr Mitarbeiter im vergangenen Jahr vereinbart?
- Welche Zielerreichungskriterien hatten Sie vereinbart?
- Welche Ziele hat der Mitarbeiter erreicht oder übererfüllt?
- Welche Ziele hat der Mitarbeiter nicht erreicht?
- Welche Rahmenbedingungen haben die Zielerreichung günstig bzw. ungünstig beeinflusst?
- Bei einer mangelnden Zielerreichung: Wie können Sie Ihren Mitarbeiter fördern, so dass er zukünftig die vereinbarten Ziele erreicht?

- Lag die Nichterreichung an Faktoren, die der Mitarbeiter beeinflussen konnte oder gab es einschränkende Rahmenbedingungen.
- Was können Sie und Ihr Mitarbeiter aus der Rückschau lernen?
- Was war der Beitrag des Mitarbeiters zur Zielerreichung? Was ist ihm dabei besonders gut gelungen?
- Welche Kompetenzen haben dem Mitarbeiter geholfen, das Ziel zu erreichen? Welche sollte er ausbauen?

Für die Mitarbeiter und Mitarbeiterinnen

- Welche Ziele hatten Sie und Ihr Vorgesetzter im vergangenen Jahr vereinbart?
- Welcher Ziererreichungskriterien wurden für die Zielerreichung vereinbart?
- Welche Ziele haben Sie erreicht oder übererfüllt?
- Welche Ziele haben Sie nicht erreicht?
- Welche Rahmenbedingungen haben die Zielerreichung günstig bzw. ungünstig beeinflusst?
- Bei einer mangelnden Zielerreichung: Was wäre aus Ihrer Sicht förderlich, so dass Sie zukünftig die vereinbarten Ziele erreichen?
- Was können Sie und Ihr Vorgesetzter aus der Rückschau lernen?
- Was war Ihr Beitrag zur Zielerreichung? Was ist Ihnen dabei besonders gut gelungen?

- Welche Kompetenzen haben Ihnen geholfen, die Ziele zu erreichen? Welche Kompetenzen wollen Sie ausbauen?

Vorbereitungsfragen: Zielvereinbarung

Für die Führungskraft
▪ Wie lauten die Ziele für Ihren Bereich?
▪ Welche Ziele leiten Sie daraus für den Beschäftigten ab?
▪ Sind die Ziele und Aufgaben sinnvoll auf die Mitarbeiter Ihrer Abteilung verteilt?
▪ Welche Ziele könnte – aus Ihrer Sicht – der Mitarbeiter haben?
▪ Wie sehen Sie das Aufgabenfeld bzw. den Verantwortungsbereich des Mitarbeiters? Wo sehen Sie seine Schwerpunkte?
▪ Was erwarten Sie als sein Chef von ihm?
▪ Woran werden Sie messen können, ob und in welchem Maße der Mitarbeiter das Ziel erreicht hat?
▪ Wo können Sie ihn bei der Zielerreichung unterstützen? Was wird von Ihnen erwartet?
Für die Mitarbeiter und Mitarbeiterinnen
▪ Welche Ziele möchten Sie vereinbaren?
▪ Wie sehen Sie Ihr Aufgabenfeld? Wo sehen Sie Ihre Schwerpunkte?

- Was erwarten Sie von Ihrem Vorgesetzten?
- Wo erwarten Sie Unterstützung bei der Zielerreichung?

Die Mitarbeiterbeurteilung vorbereiten

Im Beurteilungsgespräch nehmen Sie Bezug auf das unterjährige Feedback und geben Ihrem Mitarbeiter eine generelle Rückmeldung zu seinen Arbeitsleistungen und seinem Arbeitsverhalten. Sie teilen ihm mit, welche Erwartungen Sie an ihn haben. Aufgrund der Einschätzung seiner Stärken und Schwächen definieren Sie gemeinsam für ihn Entwicklungsmaßnahmen.

Checkliste: Vorbereitung der Mitarbeiterbeurteilung

- Vergegenwärtigen Sie sich die Beurteilungskriterien, die Sie im vorangegangenen Jahresgespräch festgelegt und kommuniziert hatten.
- Sichten Sie die im Laufe des Jahres gesammelten Beobachtungen und die Gesprächsprotokolle der Feedbackgespräche, die Sie unterjährig geführt haben.
- Bei fehlenden Informationen befragen Sie andere Personen bezüglich der konkreten Arbeitsergebnisse oder Verhaltensweisen.

- Nehmen Sie die Beurteilung vor anhand der jetzt gesichteten und eingeholten Informationen und der zuvor festgelegten Beurteilungskriterien.
- Erarbeiten Sie klare Begründungen für Ihre Beurteilung. Dies ist besonders wichtig, wenn die Beurteilung Auswirkungen auf das Gehalt hat.
- Vergleichen Sie die neue Beurteilung mit der des Vorjahres. Prüfen Sie die Veränderungen und Ihre Begründung – insbesondere, wenn die Begründung schlechter ausfallen sollte.

Die Themen Entwicklung und Zusammenarbeit vorbereiten

Nun bereiten Sie sich noch auf die Gesprächsabschnitte zum Thema Entwicklungsbedarf und Potenzial des Mitarbeiters, sowie zum Thema Zusammenarbeit vor. Hier überlegen Sie anhand Ihrer ausgearbeiteten Beurteilung: Wo sehen Sie konkreten Entwicklungsbedarf Ihres Mitarbeiters? Dazu können Sie die folgende Checkliste nutzen.

Checkliste: Vorbereitung Entwicklungsbedarf und Potenzial

- Bezüglich welcher Beurteilungskriterien sollte sich der Mitarbeiter weiterentwickeln?
- Welche möglichen Maßnahmen könnten dafür hilfreich sein? In welcher zeitlichen Reihenfolge?
- Wer überprüft den damit verbundenen Kompetenzaufbau?
- Werfen Sie darüber hinaus noch einen Blick auf die mittelfristige Entwicklung Ihres Mitarbeiters:
  - Wo sehen Sie Ihren Mitarbeiter in 5 Jahren?
  - Welche Tätigkeiten soll Ihr Mitarbeiter verstärkt ausüben? Ist ein Funktionswechsel geplant und sinnvoll? Welche Zwischenschritte sind dazu notwendig?
  - Welche Maßnahmen zum Kompetenzaufbau sind dazu notwendig?
  - Welche Pläne hat der Mitarbeiter privat, die für seine Berufsplanung eine Rolle spielen könnten?

Ein Personalportfolio erstellen und nutzen

Das Personalportfolio setzt die Dimensionen Leistung und Potenzial in einen Zusammenhang und ermöglicht Schlussfolgerungen für das gesamte Jahresgespräch. Die Vorteile davon sind: Sie können sich besser auf den einzelnen Mitarbeiter einstimmen und Sie bekommen ein Gefühl für die

Position der einzelnen im Team. Dadurch wird eine „gerechtere“ Einstufung möglich.

Potenzialportfolio nach Ordione

Fragezeichen und Problemfälle

Hier handelt es sich um Mitarbeiter mit geringer Leistung und geringem Potenzial. Das können z. B. Mitarbeiter sein, die es nicht geschafft haben, ihre Leistung an veränderte Rahmenbedingungen anzupassen.

Das bedeutet für Ihr Jahresgespräch: Leistungsschwächen sollten im Gespräch deutlich gemacht werden. Sagen Sie klar, in welchen Bereichen Sie unzufrieden mit der Leistung Ihres Mitarbeiters sind und zeigen Sie die erwartete Entwicklung auf. Vereinbaren Sie dazu zeitlich überschaubare Ziele und konkrete Maßnahmen sowie regelmäßige Kontrollen. Beschränken Sie die Energie, die Sie in diese Personen investieren, da das Potenzial nicht gerade hoch ist.

Unmotiviertes oder junges Genie

Hier sind all diejenigen Leistungsträger angesiedelt, die noch nicht die Leistung bringen, die ihrem eigentlichen Potenzial entspricht:

- Unmotiviertes Genie: Mitarbeiter hat zwar Potenzial, ist aber aus verschiedenen Gründen demotiviert und erbringt weniger Leistung als er könnte. In diesen Bereich fallen auch falsch eingesetzte Mitarbeiter, deren Fähigkeiten in einem anderen Bereich besser zur Geltung kommen würden. Nutzen Sie hier das Jahresgespräch, um diese Minderleistung aufzuzeigen und zu klären, woran es liegt. Entwickeln Sie Ziele, die diese Ursachen berücksichtigen, z. B. indem Sie dem Mitarbeiter klar definierte neue Aufgaben übergeben.
- Junges Genie: Dies kann ein Mitarbeiter mit viel Potenzial in der Einarbeitungszeit sein. Definieren Sie kleinere und kürzere Ziele und besprechen Sie, welche Unterstützungsmaßnahmen er braucht, um das Ziel zu erreichen. Vereinbaren Sie regelmäßige Kontrollen.

Fleißiges Bienchen

Hierunter fallen diejenigen Mitarbeiter, die gut arbeiten, aber wenig Potenzial über den derzeitigen Job hinaus zeigen. Da die Anforderungen im Job kontinuierlich wachsen, müssen auch diese Mitarbeiter ständig an sich arbeiten, um den Platz in diesem Quadranten zu halten.

Die Leistung dieser Mitarbeiter sollte in der Beurteilung sichtbar werden. Loben Sie sie und beziehen Sie sie stark in die Ausarbeitung der Ziele ein. Schaffen Sie aber auch Anreize zur Weiterentwicklung. Überlegen Sie, in welchem Bereich sich dieser Mitarbeiter noch weiterentwickeln könnte, und vereinbaren Sie konkrete Ziele dazu. Überlegen Sie, welche zusätzlichen Herausforderungen diese Mitarbeiter motivieren könnten (z. B. Sonderaufgaben, Einbindung in Projekte).

Spitzenkraft

Hier befinden sich hervorragende Leistungsträger mit hohem Entwicklungspotenzial für anspruchsvollere Aufgaben und Stellen. Der Part „Entwicklungsgespräch" ist bei dieser Gruppe besonders wichtig, um sowohl über kurzfristige wie auch mittelfristige Perspektiven zu sprechen.

Kurzfristig bedeutet, dass Sie mit einer Spitzenkraft zusammen nach Zielen und Inhalten suchen, die interessant genug sind, um sie so lange wie möglich für die vorhandene Stelle zu motivieren, z. B. durch interessante Projekte und umfassendere Verantwortlichkeiten. Mittelfristig bedeutet, dass Sie zusammen mit dem Mitarbeiter konkrete Karriereperspektiven entwickeln. Überlegen Sie gemeinsam, welche Weiterbildungsmaßnahmen als Vorbereitung für den nächsten Karriereschritt sinnvoll sein könnten.

Zusammenarbeit im Team und mit dem Vorgesetzten

Auch hier ist es sinnvoll, sich anhand einiger Fragen vorzubereiten. Diese Fragen können Sie auch Ihrem Mitarbeiter – auf ihn umformuliert – zu seiner eigenen Vorbereitung zur Verfügung stellen.

Vorbereitungsfragen: Zusammenarbeit

Zusammenarbeit im Team
▪ Wie funktioniert die Zusammenarbeit im Team?
▪ Welchen Anteil hat der Beschäftigte an der Zusammenarbeit im Team (Information und Kommunikation, Differenzen und Konflikte, Verbesserungsmöglichkeiten)?
Zusammenarbeit mit dem Vorgesetzten
▪ In welchen Bereichen würden Sie die Zusammenarbeit mit Ihrem Mitarbeiter als gut bezeichnen? In welchen weniger?
▪ Ist der Informationsfluss zu und von Ihrem Mitarbeiter zufriedenstellend?
▪ In welchem Bereich wünscht sich Ihr Mitarbeiter ein anderes Führungsverhalten (z. B. mehr Gespräche, mehr Anleitung, mehr Coaching)?

Wie Sie sich auf das Gespräch einstimmen

Konstruktive Ergebnisse in Gesprächen können meist nur erzielt werden, wenn Groll, Vorurteile und schwelende Konflikte zwischen den Gesprächspartnern bereinigt sind. Kurz: Wenn die Beziehungsebene geklärt ist. Achten Sie daher darauf, dass Sie selbst in guter Verfassung und positiv auf den Mitarbeiter eingestimmt sind. Und nehmen Sie sich daher notfalls im Gespräch (genügend) Zeit, auch die Beziehungsebene anzusprechen und bestenfalls zu klären.

Das Eisberg-Modell veranschaulicht, dass das sachliche Anliegen der Gesprächspartner oberhalb der Wasserlinie und damit sichtbar ist. Die sozialen und emotionalen Bedürfnisse, die den gewichtigeren Teil der Gesamtmasse ausmachen, liegen unter der Wasseroberfläche und sind nicht direkt zu sehen. Sie sind häufig unbewusst bzw. unausgesprochen.

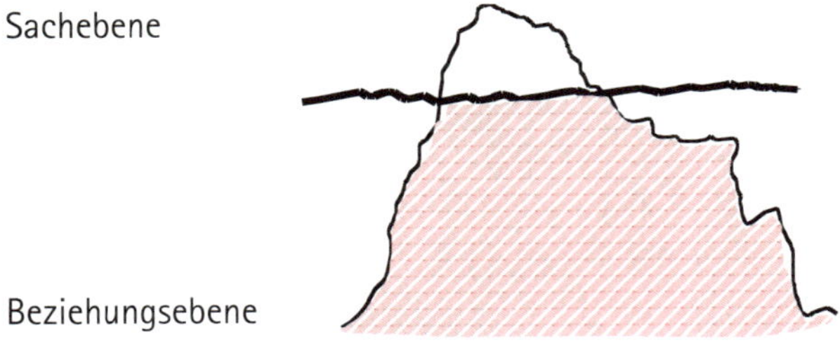

Das Eisberg-Modell nach Watzlawick

Wir müssen aber wissen, dass es sie gibt und sie angemessen berücksichtigen. Besonders wichtig sind dabei schwelende Konflikte, vergangene Missverständnisse und Kränkungen. Gibt es solche, dann gilt: unbedingt vorab in einem gesonderten Gespräch klären. Denn sonst droht die Gefahr, dass der Konflikt unterschwellig in das Zielvereinbarungsgespräch oder – noch schlimmer – in das Beurteilungsgespräch einfließt.

Die Sach- und Beziehungsebene im Gespräch

Hilfreich ist dieses Modell auch, wenn man es direkt auf den Ablauf des Jahresgesprächs bezieht. Denn jede Phase hat einen Nutzen auf der Sachebene und einen auf der Beziehungsebene. Die nachfolgende Tabelle gibt Überblick über die Wirkung der einzelnen Gesprächsphasen auf diesen beiden Ebenen.

Sachebene	Beziehungsebene
Einstiegsphase	
▪ Mitarbeiter begrüßen ▪ Mitarbeiter Übersicht über Themen und Ablauf geben ▪ Themenwünsche des Mitarbeiters abfragen	▪ Mitarbeiter ankommen lassen ▪ Angst abbauen; das Eis brechen ▪ Erwartungen und Bedürfnisse des Mitarbeiters einbeziehen

Sachebene	Beziehungsebene
Inhaltliche Phase	
▪ Geplante Inhalte transportieren ▪ Unterschiedliche und gemeinsame Sichtweisen darlegen ▪ Lösungsideen entwickeln ▪ Vereinbarungen treffen	▪ Verständnis für unterschiedliche Sichtweisen herstellen ▪ Beteiligung des Mitarbeiters sicherstellen ▪ Selbstverpflichtung und Motivation des Mitarbeiters stärken
Abschlussphase	
▪ Gespräch zusammenfassen und Ergebnisse sichern ▪ Reflektion zum Gespräch ▪ Gespräch abschließen	▪ Mögliche Einwände bzgl. der Vereinbarung abfragen ▪ Zufriedenheit über Gesprächsverlauf abfragen ▪ Gespräch emotional abschließen

Einstimmung auf den Gesprächspartner

Beachten Sie also in Ihrer Vorbereitung den Beziehungsaspekt und stimmen Sie sich auf den einzelnen Mitarbeiter mit Fragen wie diesen ein:

- Wie ist seine aktuelle Situation?
- Welche Einstellung habe ich zum Mitarbeiter? Wie schätze ich unsere Beziehung ein?

- Wie verliefen frühere Gespräche mit dem Mitarbeiter?
- Was schätze ich an meinem Mitarbeiter?
- Was könnte dem Mitarbeiter in diesem Gespräch wichtig sein?

> Beachten Sie: viele dieser Informationen sind Vermutungen. Nehmen Sie diese bewusst als solche wahr und seien Sie bereit, diese im Gespräch zu korrigieren.

Wie geht es Ihnen?

Halten Sie kurz inne und prüfen Sie: Wie geht es Ihnen? In welcher Stimmung sind Sie gerade? Überlegen Sie, was Sie tun können, um im Gespräch für eine angenehme Stimmung zu sorgen. Überprüfen Sie Ihre Einstellung gegenüber derartigen Gesprächen: Führen Sie diese Gespräche gerne? Oder gehen Sie eher mit Vorbehalten und Unlust in Mitarbeitergespräche?

Wie Sie Vorbehalte und Unlust abbauen

- Nutzen Sie Checklisten und Leitfäden für das Gespräch. So haben Sie eine klare Struktur, an der Sie festhalten können.
- Gönnen Sie sich vor einem solchen Gespräch 10 Minuten Pause oder Abschalten, z. B. mit einem kurzen Spaziergang oder einer bewussten Kaffeepause.
- Überprüfen Sie: Gehen Sie mit einer negativen Einstellung ins Gespräch? Dann können Sie fast sicher sein, dass das Gespräch schlecht laufen wird. Was könnten Sie tun, um sich positiv auf das Gespräch einzustimmen?

- Sprechen Sie heikle Situationen und Gefühle an. Meist sind sie unbewusst ohnehin spürbar und führen - unausgesprochen – zu Irritationen.

Auf einen Blick: Vorbereitung der Gespräche
▪ Nehmen Sie sich ausreichend Zeit, denn eine gründliche Vorbereitung ist einer der Schlüssel zum Erfolg der Gespräche.
▪ Informieren Sie Ihre Mitarbeiter rechtzeitig über die anstehenden Jahresgespräche und die übergeordneten Ziele des Teams.
▪ Händigen Sie Ihren Mitarbeitern die notwendigen Unterlagen zur eigenständigen Vorbereitung des Gesprächs aus.
▪ Mit einem Personalportfolio können Sie sich einen hilfreichen Überblick über das ausbaubare Potenzial Ihres Teams verschaffen.
▪ Blocken Sie sich im Vorfeld genügend Zeit, um jedes einzelne Gespräch vorzubereiten (ca. 1 bis 1,5 Stunden).
▪ Auf das Zielvereinbarungsgespräch, das Beurteilungsgespräch und auf die Themen Entwicklung und Zusammenarbeit können Sie sich anhand der Fragen im Abschnitt "Die Zielvereinbarungen vorbereiten" konzipieren.
▪ Planen Sie für den Termin des Jahresgesprächs jeweils etwa eine halbe Stunde zur unmittelbaren Vor- und Nachbereitung ein.
▪ Stimmen Sie sich kurz vor dem Termin auf das anstehende Gespräch ein.

So führen Sie ein Jahresgespräch durch

Bei der Durchführung der Jahres- und Zielvereinbarungsgespräche liegen Konflikt- und Motivationspotenzial sehr nahe beieinander. Umso wichtiger ist es, strukturiert vorzugehen, klar zu kommunizieren und die Gespräche konstruktiv zu führen, d. h. den Mitarbeiter in Entscheidungen miteinzubeziehen.

In diesem Kapitel lesen Sie,

- was Sie bei den einzelnen Gesprächsabschnitten beachten sollten, damit das Jahresgespräch zum Erfolg führt,
- wie Sie schwierige Gesprächssituationen meistern, etwa wenn Sie Kritik am Mitarbeiter üben möchten oder wenn der Mitarbeiter die Ziele oder die Beurteilung nicht akzeptiert.

Leitfaden für den Ablauf

Meist gibt es in Unternehmen, die mit Jahres- und Zielvereinbarungsgesprächen arbeiten, klare Vorgaben, wie diese Gespräche ablaufen sollen. Grundsätzlich gilt: Es gibt nicht *die eine* richtige Reihenfolge, die Sie einhalten müssen. Vielmehr ist es wichtig, dass Sie die einzelnen inhaltlichen Schritte sauber und konstruktiv gestalten. Wir schlagen Ihnen im Folgenden eine mögliche Vorgehensweise vor.

Leitfaden für das Jahresgespräch

1 Einstieg

2 Rückblick auf die Zielerreichung

3 Ziele für das kommende Jahr vereinbaren

4 Beurteilung durchsprechen

5 Entwicklungsbedarf und Potenzial klären

6 Feedback über die Zusammenarbeit

7 Getroffene Vereinbarungen schriftlich festhalten

8 Das Gespräch abschließen

9 Das Gespräch nachbereiten

Beachten Sie: Jahres- und Zielvereinbarungsgespräche sollten frei bleiben von tagesaktuellen Themen.

Schritt 1: Einstieg

1 Sie begrüßen Ihren Mitarbeiter und danken ihm für die Bereitschaft zu diesem Gespräch.

2 Sie nennen bzw. vereinbaren einen Zeitrahmen.

3 Obwohl dem Mitarbeiter durch Ihre Einladung der Gesprächszweck sowie der grobe Ablauf des Gesprächs bekannt sind, hilft es, diese nochmals zu nennen. Damit stimmen Sie sich beide auf das kommende Gespräch ein.

4 Teilen Sie Ihrem Mitarbeiter Ihre Erwartungen bzgl. des Gesprächs mit und bitten Sie ihn, seinerseits seine Erwartungen an das Gespräch zu nennen. Dies ist umso wichtiger, wenn das Gespräch auch die Beurteilung umfasst, da dies in der Regel ein sehr sensibles Thema ist.

5 Weisen Sie auf die beiderseitige Vertraulichkeit des Gesprächs hin.

Beispiel: Der Einstieg in das Jahresgespräch

„Herr Lang, ich freue mich, dass wir hier zusammensitzen. Wie Sie ja wissen, werden wir heute eine Reihe von Themen besprechen.

Wir werden zunächst auf Ihre Ziele des letzten Jahres schauen und konkrete Ziele für das kommende Jahr formulieren. Dann werden wir Ihre Beurteilung durchsprechen und anschließend über Ihr Potenzial hier bei uns sprechen. Auch in diesen beiden Bereichen hoffe ich, dass wir einen konstruktiven Dialog führen werden.

Außerdem ist es mir wichtig, dass wir dieses Gespräch dazu nutzen, unsere Zusammenarbeit zu reflektieren und gegebenenfalls zu überlegen, wie wir sie verbessern können. Haben Sie über diese Themen hinaus weitere Themen, die Sie mit mir besprechen wollen?

Ich sehe, Sie haben sich auf unser Gespräch vorbereitet, das finde ich klasse. Wir haben uns 2 Stunden dafür vorgenommen.

Bevor wir loslegen, möchte ich Ihnen nochmals versichern, dass wir die Beurteilung, die vereinbarten Ziele und Maßnahmen zwar schriftlich festhalten, dass ansonsten dieses Gesprächs aber vertraulich ist."

Schritt 2: Rückblick auf die Zielerreichung

1. Der Mitarbeiter stellt seine Sicht der Zielerreichung dar.
2. Nun sind Sie dran: Sie teilen ihm Ihre Einschätzung seiner Zielerreichung mit. Je genauer Sie bei der Zielformulierung Messbarkeitskriterien definiert haben, desto seltener treten hier Differenzen in der Einschätzung auf.
3. Sollten aber dennoch unterschiedliche Einschätzungen vorliegen, gilt es nun, Gründe dafür zu suchen: Haben Sie die Messkriterien unterschiedlich interpretiert? Basiert Ihre Einschätzung auf unterschiedlichen Informationen? Oder hätte der Mitarbeiter mehr unterjährige Absprachen mit Ihnen bezüglich seiner Ziele gebraucht?
4. Falls der Mitarbeiter sein Ziel nicht oder nur teilweise erreicht hat, stellen Sie Fragen, wie z. B:
   - Woran hat es gelegen, dass das Ziel nicht oder nur teilweise erreicht wurde? Was hätte hier geholfen?
   - Was können wir daraus für die folgende Periode lernen?

5 Auch wenn der Mitarbeiter seine Ziele erreicht hat, ist es hilfreich zu erfragen, was förderlich dazu beigetragen hat und was man daraus lernen kann:
   - Was war hilfreich bei der Zielerreichung? Was war weniger hilfreich?
   - Wo wäre dieses Vorgehen noch hilfreich?

6 Ziehen Sie abschließend Konsequenzen aus der Rückschau für die nächste Zielperiode. Wenn z. B. das Ziel des letzten Jahres demotivierend hoch war, passen Sie es für das kommende Jahr an oder vereinbaren zusätzliche Unterstützungsmaßnahmen.

Beispiel: In das Thema Zielerreichung einsteigen

„Herr Lang, lassen Sie uns gemeinsam auf Ihre letztjährigen Ziele schauen. Ihr Ziel war, dass bis zum 31. August letzten Jahres die Wartungskosten unserer Kopiergeräte um 7 % gegenüber dem Vorjahr gesunken sind. Aus den Zahlen, die uns vorliegen, entnehme ich, dass die Kosten lediglich um 5 % gesunken sind. Worin sehen Sie die Gründe für diese Abweichung?"

Schritt 3: Ziele für das kommende Jahr vereinbaren

1 Diskutieren Sie mit dem Mitarbeiter Ihre Zielvorstellungen bzw. die Vorgaben, die Sie für Ihren Bereich bekommen haben. Fragen Sie ihn ggf., ob er sich weitere Ziele für das kommende Jahr vornehmen möchte.

2 Beachten Sie, dass Sie eine realisierbare Anzahl von Zielen vereinbaren. Als Richtwert gelten ca. fünf bis sieben Ziele pro Mitarbeiter. Hier ist es hilfreich, wenn Sie die Schritte zum SMARTen Ziel als Unterlage für sich und Ihren Mitarbeiter ausgedruckt dabei haben.

3 Diskutieren Sie mit Ihrem Mitarbeiter, wie er die festgelegten Ziele umsetzen will. Welche Teilziele und Maßnahmen sind sinnvoll?

4 Welche vorhersehbaren Probleme und Schwierigkeiten könnten bei der Zielerreichung auftreten? Wie könnte der Mitarbeiter darauf reagieren?

5 Überprüfen Sie zusammen mit dem Mitarbeiter seine Ressourcen: Verfügt er über die notwendigen Kenntnisse und Fähigkeiten? Welche Entscheidungen darf er selbständig treffen? Hat er die nötigen zeitlichen Kapazitäten für die vereinbarten Ziele und die damit verbundenen Aufgaben?

6 Achten Sie in diesem Gesprächsabschnitt besonders darauf, ob Ihr Mitarbeiter signalisiert, dass er die Erreichung der Ziele für realistisch hält. Oder erkennt er schon jetzt unüberwindliche Hürden? Verlassen Sie sich nicht darauf, dass er Ihnen Einwände und Bedenken von selbst mitteilt – eventuell müssen Sie mehrfach nachhaken. Denn die meisten Mitarbeiter wollen nicht erneut in die Diskussion über Zieldefinitionen einsteigen – das ist zäh und langwierig. Und Ihnen als Führungskraft geht es da wahrscheinlich genauso. Dennoch: Erst das Ringen um die realistischste Formulierung sichert den größten Erfolg.

Schritt 4: Beurteilung durchsprechen

Damit sich aus Ihrer Beurteilung wirkliche Leistungssteigerungen und Verhaltensänderungen ergeben, ist es entscheidend, dass Ihr Mitarbeiter Ihre Beurteilung bzgl. einzelner Leistungen und Verhaltensweisen versteht und nachvollziehen kann. Daher sollten Sie Ihre Einschätzungen anhand konkreter Beispiele belegen und immer wieder überprüfen, ob Ihr Mitarbeiter Sie richtig verstanden hat. Nutzen Sie dazu aktives Zuhören und Fragen (siehe Abschnitt „Gesprächstechniken“).

1 In manchen Fällen kann es sinnvoll sein, den Mitarbeiter zunächst um seine eigene Leistungseinschätzung zu bitten. So erfahren Sie mehr über die Selbsteinschätzungsfähigkeit Ihres Mitarbeiters.
In anderen Fällen, besonders wenn die Beurteilung an das variable Gehalt gekoppelt ist, sollten Sie dem Mitarbeiter zügig Ihre Beurteilung darlegen. Der Mitarbeiter würde ansonsten zu lange ungeduldig darauf warten.

2 Nun gehen Sie die Beurteilung im Detail durch. Benennen Sie Ihre Kritikpunkte und stellen Sie diesen Ihre Erwartungen gegenüber. Nennen Sie ganz konkrete Beispiele, damit Ihr Mitarbeiter versteht, warum Sie ihn so beurteilen und was Sie zukünftig von ihm erwarten. Nutzen Sie dazu Ihre schriftlichen Notizen und die ausgefüllten Beobachtungsbögen. So sieht der Mitarbeiter, dass Sie sich vorbereitet haben und dass Ihre Beurteilung fundiert ist.

3 Je konkreter und häufiger Sie unterjährig Rückmeldung über die Arbeitsleistung, besonders im Falle von kritikwürdiger Leistung, gegeben haben, umso mehr werden sich Ihre Einschätzung und die des Mitarbeiters ähneln. Dies bildet eine gute Grundlage für das weitere Gespräch und die Entwicklung von geeigneten Zielen und Maßnahmen.

4 Kritisch könnte das Gespräch dann werden, wenn der Mitarbeiter seine Leistungen positiver einschätzt als Sie das tun. Lassen Sie dabei ihm dann immer wieder Gelegenheit, Ihre Einschätzung zu verdauen und seinen Gefühlen (z. B. in Form von Abwehrreaktionen) Luft zu machen. Gehen Sie hier nicht zu schnell auf die sachliche Ebene zurück, sondern erst, wenn den Gefühlen ausreichend Raum gegeben wurde..

5 Seien Sie bereit, sich konstruktiv mit dem Mitarbeiter auseinander zu setzen. Ihre Beurteilung basiert auf Ihren Beobachtungen. Vielleicht haben Sie etwas verzerrt wahrgenommen oder übersehen.

6 Suchen Sie gemeinsam nach Möglichkeiten, wie sich der Mitarbeiter nächstes Jahr in diesem Punkt verbessern kann. Stellen Sie Ihre Erwartungen nochmals klar dar.

Beispiel: Die Beurteilung durchsprechen

„Herr Lang, kommen wir nun zur grundsätzlichen Betrachtung dessen, wie ich Sie und Ihre Arbeit wahrnehme. Ich habe Sie ja während dieses Jahres immer wieder beobachtet und Ihnen auch immer wieder Feedback gegeben.

Wenn Sie an das vergangene Jahr denken, wo sehen Sie Ihre Stärken? ... Wo hingegen sehen Sie bei sich noch Verbesserungspotenzial? ...

Lassen Sie mich nun meine Einschätzung darlegen. Grundsätzlich ist das Ergebnis meiner Beurteilung positiv. Es gibt einige Punkte, in denen Sie hervorragend abschneiden, wie z. B. bei „Teamfähigkeit". Ich habe immer wieder festgestellt, wie groß Ihr Einsatz für das Team ist. Zuletzt wurde das beim Organisieren des Teamausflugs deutlich.

Daneben gibt es aber auch Punkte, wo ich mir eine stärkere Entwicklung wünsche. In letzter Zeit habe ich Sie sehr zurückhaltend in unseren Teambesprechungen erlebt. Sie melden sich selten von sich aus zu Wort und scheinen nicht mehr engagiert hinter unseren Abteilungszielen zu stehen. Das ist natürlich ein Verhalten, das nicht meinen Erwartungen entspricht und daher ist es mir sehr wichtig, mit Ihnen gemeinsam zu überlegen, wie Sie das ändern können.

Wie sehen Sie das? Können Sie meine Einschätzung nachvollziehen?"

Versuchen Sie Meinungsverschiedenheiten anhand konkreter Beispiele zu klären. Wenn dies nicht möglich ist, dann halten Sie abweichende Einschätzungen im Beurteilungsbogen fest.

Schritt 5: Entwicklungsbedarf und Potenzial klären

In diesem Schritt geht es darum, mögliche Entwicklungsperspektiven des Mitarbeiters auszuloten und konkrete Entwicklungsziele des Mitarbeiters in Bezug auf Kompetenz, Leistung und Arbeitsverhalten zu definieren. Hier ist es wichtig, wirkliche Entwicklungsziele zu definieren und nicht nur Maßnahmen auszuwählen, was oft in der Praxis getan wird. Denn die Maßnahme ist immer nur Mittel zum Zweck. Wenn Ihr Ziel z. B. ist, die Konfliktfähigkeit Ihres Mitarbeiters zu verbessern, dann ist eine mögliche Maßnahme: Teilnahme an einem Konfliktmanagement-Seminar. Die Teilnahme alleine ist aber kein Garant, dass sich der Teilnehmer in diesem Bereich weiterentwickelt.

1 Formulieren Sie daher gemeinsam mit dem Mitarbeiter einen Endzustand, der sein Verhalten beschreibt, wenn die Defizite beseitigt sind, z. B. „Der Mitarbeiter stellt sich Konflikten und ist bereit, diese im Gespräch zu lösen." Dann kann das Seminar ein sinnvoller Betrag zur Zielerreichung sein, der Fokus liegt aber auf dem Endzustand.
2 Nachdem Sie das Entwicklungsziel definiert haben, überlegen Sie gemeinsam, welche Schritte notwendig sind, um dieses Ziel zu erreichen. Soll der Mitarbeiter bestimmte Seminare besuchen? Oder braucht er eine andere Form der Unterstützung (wie z. B. regelmäßiges Feedback, Training on the Job etc.)? Versuchen Sie den Mitarbeiter über Fragen zu eigenen Ideen anzuregen, wie er das Ziel erreichen will. Eigene Ideen führen in der Regel zu mehr Verbindlichkeit.

> Wenn Ihr Mitarbeiter den Sinn einer Verbesserung überhaupt nicht einsieht, dann macht es zu diesem Zeitpunkt auch keinen Sinn, ihm eine Entwicklungsmaßnahme (z. B. Teilnahme an einer Schulung) zu verordnen. Hier sind Zeit, Geld und Mühe umsonst investiert. Benennen Sie dennoch klar Ihre Erwartungen und vereinbaren Sie ein Folgegespräch zu diesem Thema.

3 Neben der kurzfristigeren Sicht schauen Sie auch auf die mittelfristige Zukunft. Besprechen Sie gemeinsam, wo der Mitarbeiter in fünf Jahren stehen könnte. Nutzen Sie dazu

Ihre Einschätzungen aus der Vorbereitung und dem Personalportfolio (siehe Kapitel „So bereiten Sie sich vor"). Sprechen Sie die Wünsche Ihres Mitarbeiters sorgfältig durch. Hilfreiche Fragen sind dazu:

- Wo sehen Sie sich in 5 Jahren?
- Welche Tätigkeiten wollen Sie verstärkt ausüben? Welche Arbeiten machen Ihnen besonders Spaß?
- Welche langfristigen Pläne haben Sie im Unternehmen?

4 Geben Sie Ihrem Mitarbeiter auch ehrliches Feedback, wo Sie ihn (momentan) sehen und wo (noch) nicht. Nennen Sie Fähigkeiten und Kompetenzen, die er entwickeln sollte, wenn er sein Karriereziel erreichen will und definieren Sie gemeinsam Maßnahmen oder konkrete Schritte, wie er sich dorthin entwickeln kann.

Schritt 6: Feedback über die Zusammenarbeit

Falls Sie sich von Ihrem Mitarbeiter Feedback zu Ihrem Führungsverhalten geben lassen wollen, können Sie das Gespräch mit folgenden Fragen leiten:

- Wie fanden Sie unsere Zusammenarbeit im letzten Jahr?
- Was würden Sie sich von mir anders wünschen?
- Was soll ich so beibehalten, wie es ist?
- Wo brauchen Sie mehr Unterstützung von mir?
- In welcher Form wünschen Sie sich Unterstützung?

Checkliste: Umgang mit Feedback

- Lassen Sie Ihr Gegenüber ausreden und hören Sie Ihm aufmerksam zu.
- Wiederholen Sie das Gehörte mit eigenen Worten, um sicherzustellen, dass Sie beide vom gleichen Sachverhalt ausgehen. Fragen Sie nach, wenn Sie etwas nicht genau verstanden haben.
- Bitte rechtfertigen Sie sich nicht. Das hält Sie davon ab, das Feedback richtig aufzunehmen.
- Was Sie aber stattdessen tun können: Teilen Sie Ihrem Gegenüber Ihre Reaktion mit, z. B. „Das überrascht mich".
- Bedanken Sie sich bei Ihrem Gegenüber. Denken Sie immer daran: Es ist ein gutes Zeichen, wenn jemand den Mut hat, Ihnen ein ehrliches und konstruktives Feedback zu geben.

Feedback ist nicht unbedingt die Wahrheit, es ist lediglich die Sichtweise einer anderen Person. Sie müssen dieses Feedback daher nicht annehmen, aber Sie können sich fragen, was Sie dazu beigetragen haben, dass Sie so wahrgenommen werden.

> Auch wenn das Feedback im ersten Moment unangenehm ist: Die eigene Wahrnehmungsfähigkeit ist begrenzt, und das Feedback von anderen kann einem daher helfen, sich objektiver zu sehen.

Schritt 7: Vereinbarungen schriftlich festhalten

Das Protokoll ist eine Aufzeichnung für Sie und für den Mitarbeiter. Halten Sie darin schriftlich und verbindlich fest, auf welche Ziele und Vereinbarungen Sie sich geeinigt haben und wann diese erreicht sind.

Protokoll des Jahres- und Zielvereinbarungsgesprächs	
Name Mitarbeiter/in:	
Name Vorgesetzte/r:	
Datum des Gesprächs:	
Rückblick auf die Zielerreichung	
Wie war die Zielerreichung der Ziele des Vorjahrs? Welche Faktoren waren bei der Zielerreichung förderlich? Welche Faktoren waren bei der Zielerreichung hinderlich?	
Einschätzung des Mitarbeiters:	
Einschätzung des Vorgesetzten:	
Vereinbarung:	

Vereinbarte Ziele und Zielerreichungskriterien
Ziel 1: Ziel 2: Ziel 3: ...
Maßnahmen zur bzw. Unterstützung bei der Erreichung der Ziele:
Vereinbarte Kontrollen (Art und Umfang) bei der Zielerreichung bzw. bei der Leistungsverbesserung und Entwicklung:

Beurteilung
Siehe Beurteilungsbogen
In welchen Punkten gab es unterschiedliche Einschätzung zwischen Mitarbeiter und Vorgesetzten:

Entwicklungsbedarf und Potenzial des Mitarbeiters:
Definierte Entwicklungsziele und dazu gehörige Maßnahmen
Entwicklungswünsche des Mitarbeiters:
Einschätzung des Vorgesetzten:
Vereinbarte Ziele und Maßnahmen:
Wie war die Zusammenarbeit mit dem bzw. Unterstützung durch den Vorgesetzten im Vorjahr:
Einschätzung des Mitarbeiters:
Einschätzung des Vorgesetzten:
Vereinbarung:
Unterschrift Mitarbeiter
Unterschrift Führungskraft

Überprüfen Sie abschließend nochmals die im Protokoll getroffenen Vereinbarungen: Sind sie verbindlich genug, um als unmissverständlicher Fahrplan für das kommende Jahr (bzw. den jeweils festgelegten Zeitraum) zu dienen?

Checkliste: Sind die Vereinbarungen korrekt?

	✓
Ist klar erkennbar, wer mit wem bis wann was macht? ▪ Wer = Wer ist Hauptverantwortlicher? ▪ Was = Was genau soll gemacht werden? ▪ Mit wem = Wer ist noch zu beteiligen? ▪ Bis wann = Welcher konkrete Termin steckt dahinter?	
Wurde festgehalten, welche Zwischenschritte nötig sind?	
Ist definiert, wie die Kontrolle oder Feedbackschlaufe aussieht? ▪ Wer kontrolliert? ▪ Wer informiert wen wann? ▪ In welchem Umfang?	
Wurden Prioritäten gesetzt? (z. B. bei mehreren Zielen)	
Sind die für die Umsetzung notwendigen Maßnahmen ebenfalls nach „Wer macht was mit wem bis wann" festgehalten?	

Schritt 8: Das Gespräch abschließen

1 Teilen Sie Ihrem Mitarbeiter Ihr Resümee des Gesprächs mit und fragen Sie ihn, wie es ihm mit diesen Vereinbarungen geht.

2 Beenden Sie das Gespräch positiv und motivierend mit persönlichen und freundlichen Worten, indem Sie sich bei Ihrem Mitarbeiter für das offene Gespräch bedanken und ihm beispielsweise viel Erfolg für das geplante Vorhaben wünschen.

Beispiel

„Herr Lang, nun haben wir einiges besprochen. Ich möchte mich an dieser Stelle für Ihre Offenheit bedanken, ich fand das Gespräch sehr angenehm und produktiv.

Lassen Sie mich noch einmal festhalten: Wir haben uns darauf geeinigt, dass wir im nächsten Jahr vor allem das Thema „Kundenorientierung" angehen wollen.

Sie haben sich das Ziel gesetzt, mit Kundeneinwänden besser umzugehen. Dazu werden Sie an einer Schulung teilnehmen und wir werden uns darüber hinaus einmal pro Monat dazu zusammensetzen.

Ich denke, dass Sie gute Fortschritte machen werden und biete Ihnen gerne an, dass Sie auch außerhalb unserer vereinbarten Termine mich ansprechen können.

Wie geht es Ihnen mit unseren Vereinbarungen?

...

Dann wünsche ich Ihnen jetzt noch einen schönen Abend. Wenn sich nachträglich noch irgendwelche Fragen ergeben sollten, sprechen Sie mich bitte einfach an. "

Schritt 9: Das Gespräch nachbereiten

Im Anschluss sollten Sie in jedem Fall das Gespräch nachbereiten. Idealerweise bitten Sie Ihren Mitarbeiter, das auch zu tun und nochmals eine Klärung mit Ihnen zu suchen, sollten sich im Nachhinein offene Punkte herausstellen. Für Ihre Nachbereitung empfiehlt sich, ähnlich wie bei der Vorbereitung, das Eisberg-Modell präsent zu haben:

- **Sachebene:** Sind aus den Vereinbarungen konkrete Aufgaben für Sie entstanden, die Sie nun erledigen, terminieren oder delegieren müssen?
- **Beziehungsebene:** Wie lief das Gespräch? Mit welchen Punkten sind Sie zufrieden, was hätte besser laufen können? Was nehmen Sie sich für das nächste Gespräch vor?

So meistern Sie schwierige Gesprächssituationen

Wie Sie Kritik üben

Kritik gehört in den Arbeitsalltag. Sammeln Sie bitte nicht alle Kritikpunkte ausschließlich für das Jahresgespräch. Den meisten Führungskräften fällt konstruktive Kritik schwer. Die Gefahr, den Mitarbeiter damit zu demotivieren, ist hoch. Nutzen Sie diese Tipps für eine gründliche Vorbereitung:

- Wo genau liegen die Schwierigkeiten?
- Welches Verhalten wünschen Sie sich für die Zukunft? Welche konkreten Anliegen haben Sie?
- Wo hat der Mitarbeiter schon einmal das gewünschte Verhalten gezeigt? Halten Sie sich das vor Augen und drücken Sie dies auch im Gespräch aus. So geben Sie dem Mitarbeiter das Gefühl, dass er realistisch und nicht generell negativ eingeschätzt wird.

Beispiel: Eine kritische Rückmeldung formulieren

„Sie wissen, ich schätze Sie als außerordentlich zuverlässigen Mitarbeiter, der durch seine Erfahrung einen wichtigen Teil zum Erfolg der Abteilung beiträgt. Ich möchte heute einen Punkt mit Ihnen besprechen, an dem ich mir eine Veränderung wünsche: Ihr Verhalten den Teamkollegen gegenüber. Mir ist in den letzten Wochen aufgefallen, dass Sie sich häufig ausgrenzen, bei gemeinsamen Mittagessen nicht mitgehen, ..."

Checkliste: Kritisches Feedback

- **Reden Sie nicht um den heißen Brei herum!**
  Hinauszögern führt nur dazu, dass der Mitarbeiter sich fühlt, als würde er auf die Schlachtbank geführt. Sagen Sie also gleich zu Beginn, worum es Ihnen heute geht. Drücken Sie klar und dennoch konstruktiv Ihre Kritik aus.
- **Verwässern Sie nichts.**
  Schwächen Sie Ihre Kritik nicht ab, etwa mit Worten wie „etwas", „manchmal", „vielleicht".

- **Belegen Sie Kritik mit konkreten Beispielen.**
  Damit verhindern Sie, dass Sie verallgemeinern und verurteilen. Und Ihr Mitarbeiter kann die Kritik besser nachvollziehen.
- **Machen Sie Pausen**:
  Geben Sie dem Gesprächspartner Zeit, das Gehörte zu verarbeiten. Zu schnelles Reden geschieht meist aus dem eigenen Unbehagen heraus. Seien Sie sich bewusst, dass diese Situation Ihrem Mitarbeiter mindestens so unangenehm ist wie Ihnen.
- **Versetzen Sie sich in die Lage Ihres Mitarbeiters**:
  Was würde Ihnen an seiner Stelle helfen, sich einigermaßen wohl zu fühlen und die Kritik annehmen zu können?
- **Bleiben Sie konstruktiv**:
  Richten Sie immer den Blick in die Zukunft: Was wünschen Sie sich konkret? Was soll sich verändern? Zeigen Sie die Vorteile eines alternativen Verhaltens im Vergleich zum kritisierten Fehlverhalten auf.
- **Treffen Sie Vereinbarungen**:
  Was will der Mitarbeiter konkret tun, um dies zu ändern? Wie sollen Sie ihn unterstützen?

Weitere Tipps zum Umgang mit kritischem Feedback finden Sie im Abschnitt „Effektives Feedback geben“.

Beispiel: Eine kritische Rückmeldung, Teil 2

„Gerade angesichts der großen Belastung, die durch das neue Projekt in den kommenden Monaten auf uns zukommt, müssen wir im Team gut zusammenarbeiten. Daher macht es mir große Sorge, wenn ich sehe, dass Sie sich abgrenzen. Ich finde, Ihr Verhalten wurde auch in den letzten drei Teamsitzungen sichtbar. Sie haben ausschließlich Aufgaben übernommen, die Sie alleine erarbeiten können und jegliche Mitarbeit und Unterstützung der anderen Kollegen abgelehnt. Dieses Verhalten kann ich nicht weiter unkommentiert lassen, denn es führt dazu, dass der Austausch im Team leidet und dass viel Energie darauf verwendet wird, Fraktionen zu bilden.

Natürlich interessiert es mich, wie es zu dem Verhalten kam, können Sie mir dazu etwas sagen? Ist irgendetwas vorgefallen, weshalb Sie sich abgrenzen? Wenn es etwas gibt, möchte ich das schnell im Team klären, bevor die Zusammenarbeit weiter leidet. ...

Lassen Sie uns gemeinsam überlegen, wie wir diese Situation ändern können. Sie müssen nicht befreundet sein mit den anderen Kollegen, aber ich erwarte ein arbeitsfähiges Team, in dem jeder mit jedem spricht und arbeitet.

Wenn der Mitarbeiter die Ziele nicht akzeptiert

Zielvereinbarungen sollen Veränderung bringen. Veränderungen erzeugen Unsicherheit und Widerstände – das ist völlig normal und verständlich. Dass es in Mitarbeitergesprächen zu Konflikten kommen kann, ist verständlich – insbesondere wenn die Zielerreichung gehaltsrelevant ist. Sie als Führungskraft sollten Konflikte als Chance sehen, die Notwendigkeit von Veränderungen mit dem Mitarbeiter zu diskutieren und diesen für Veränderungen zu gewinnen. Folgende Fragen helfen Ihnen in einer solchen Situation:

- Welchen Sinn machen die Ziele für unser Unternehmen? Inwieweit ist der Unternehmenserfolg wichtig für den Mitarbeiter?
- Aus welchen Gründen akzeptiert er die Ziele nicht? Unterscheiden Sie dabei die emotionalen von den sachlichen Aspekten.
- Welche Einwände hat der Mitarbeiter bezüglich des Ziels? Wie könnten diese gemildert werden? Wie könnte man sie bei der Umsetzung des Ziels berücksichtigen?
- Welche Lösungen wären prinzipiell möglich?

Wenn der Mitarbeiter die Ziele für nicht erreichbar hält

Konflikte über die Zielhöhe sind viel schwieriger zu objektivieren und zu lösen. Anhand möglichst konkreter Beispiele sollten die Gesprächspartner zeigen, warum sie die Ziele für unrealistisch halten. Die beste Lösung in diesem Fall ist es, wenn die Gesprächspartner gemeinsam die zur Zielerreichung notwendigen Maßnahmen entwickeln und deren Realisierbarkeit diskutieren. Achten Sie in dieser Situation ganz besonders auf die (unausgesprochenen) Gefühle des Mitarbeiters. Sprechen Sie diese an und versuchen Sie diese zu klären.

Beispiel: Emotionen gekonnt ansprechen

Nachdem Sie Ihrer Mitarbeiterin Frau Wimpe das vorgegebene Ziel mitgeteilt habe, sagt diese in sarkastischem Ton: „Na, das motiviert ja richtig."

Weil Sie Frau Wimpe kennen und Sie deren Einstellung eh schon ein wenig nervt, könnten Sie erwidern: „Ach, Sie immer mit Ihrer negativen Einstellung." Doch damit würde das Gespräch schnell auf eine unkonstruktive Ebene kommen.

Versuchen Sie die Emotionen Ihrer Mitarbeiterin herauszuhören und sagen z. B. „Sie fühlen sich richtig unwohl mit dem Ziel, stimmt's?" Damit holen Sie Frau Wimpe aus ihrer wenig konstruktiven Sicht und nehmen gleichzeitig ihre Gefühle ernst.

Nachdem Sie dies getan haben, können Sie nun erfragen, an welchen Punkten genau Frau Wimpe das Ziel für unrealistisch hält: „Frau Wimpe, lassen Sie uns gemeinsam schauen, mit welchen Schritten Sie dieses Ziel erreichen könnten, dann können wir besser abschätzen, wo es schwierig wird oder wo Sie Unterstützung brauchen könnten und wo aber auch nicht."

Wenn der Mitarbeiter die Beurteilung nicht akzeptiert

Es kann immer wieder vorkommen, dass Sie und Ihr Mitarbeiter zu einer unterschiedlichen Einschätzung bezüglich einzelner Kriterien kommen. Diskutieren Sie diese Kriterien gemeinsam und seien Sie auch offen dafür, Ihre eigene Einschätzung zu revidieren, wenn Ihr Mitarbeiter Aspekte einbringt, die Sie bei der Beurteilung nicht berücksichtigt haben. Folgende Fragen helfen Ihnen bei Ihrem Austausch:

- Welche Auslegung der Bewertungskriterien und welche Beobachtungen liegen Ihren jeweiligen Einschätzungen zu Grunde?
- Gibt es da Gemeinsamkeiten oder Unterschiede? Wenn es Unterschiede gibt, können Sie sich auf gemeinsame Auslegung der Bewertungskriterien einigen?
- Würde es helfen, wenn Sie in Ihrer Einschätzung Dritte einbeziehen? Wenn ja, wer könnte in Frage kommen?

Wenn der Mitarbeiter sehr emotional wird, weint oder schimpft?

Wenn Ihr Mitarbeiter von starken Gefühlen übermannt wird, ist der wichtigste und damit erste Schritt, dass Sie ihm Raum für seine Gefühle geben. Auch wenn es Ihnen unangenehm ist. Wahrscheinlich ist es Ihrem Mitarbeiter noch unangenehmer. Lassen Sie ihm etwas Zeit und signalisieren Sie ihm mit ihren Worten, dass Sie seine Gefühle wahrnehmen. „Ich kann verstehen, dass Sie das traurig macht, Frau xy" oder: „Sie sind darüber jetzt ziemlich wütend."

Oft steigen bei Ihnen ebenfalls Gefühle wie Wut oder Ärger hoch, holen Sie dreimal tief Luft, damit diese Gefühle wieder abflauen können und Sie wieder klar denken können. Falls Sie merken, dass weder Sie noch Ihr Mitarbeiter derzeit in der Lage sind, konstruktiv zu reden, vertagen Sie das Gespräch, allerdings mit einem konkreten Termin.

Sind Sie in der Lage, das Gespräch weiterzuführen, dann geht es nun darum, zuzuhören, was Ihnen der Mitarbeiter vorwirft.

Unterscheiden Sie dabei: wo steht ein konkreter Vorwurf dahinter, wo geht es nur darum, Wut abzulassen? Bitten Sie Ihren Mitarbeiter darum, die Vorwürfe zu konkretisieren. Was genau meint er damit? In welchem Kontext? Fassen Sie die Vorwürfe zusammen und fragen Sie nach, ob Sie ihn richtig verstanden haben. Überlegen Sie gemeinsam, welche Lösungen es geben könnte, um diese Probleme zu lösen.

Wenn der Mitarbeitern bereits „innerlich gekündigt" hat?

Wenn Sie diese Vermutung haben, ist es umso wichtiger, dass Sie die Chance eines solchen Gesprächs nutzen. Bauen Sie eine vertrauensvolle Atmosphäre auf, indem Sie mit Ihrem Mitarbeiter ein offenes und ehrliches Gespräch führen.

Stellen Sie möglichst viele offene Fragen: Wie geht es ihm? Was läuft gerade nicht so gut? Was stört ihn im Moment? Schildern Sie ihm Ihren Eindruck, dass Sie das Gefühl haben, er sei in letzter Zeit freudloser und unbeteiligter. Achten Sie aber auch darauf, wie viel der Mitarbeiter von sich preisgeben will und respektieren Sie seine Grenzen.

Wenn Ihr Mitarbeiter sich öffnet und zu reden anfängt, dann hören Sie ihm einfach zu. Geben Sie ihm Raum und versuchen Sie wirklich, seinen Standpunkt zu verstehen. Dabei hilft Ihnen aktives Zuhören und Nachfragen!

Sie können diesen Mitarbeiter nur wieder motivieren, wenn er sich verstanden fühlt. Daher geht es im ersten Schritt nicht darum, seine Sichtweise zu „verändern", selbst wenn

Sie der Meinung sind, dass man die Dinge auch ganz anders sehen könnte. Lassen Sie seine Sichtweise stehen, es geht darum, ihn dort abzuholen, wo er im Moment steht.

Klären Sie, was Sie gemeinsam tun können, um Abhilfe für die verschiedenen Punkte zu schaffen. An welchen Punkten können Sie ansetzen, was würde ihn wieder motivieren?

Wenn der Mitarbeiter zu viele private Gesprächsinhalte mit einbringt?

Wenn Sie das Gefühl haben, die privaten Themen stehen im Bezug zu seiner beruflichen Situation, ist es oft hilfreich, diesem Thema Platz einzuräumen. Wie viel und in welcher Intensität, das müssen Sie spontan entscheiden: Wie ist Ihre Beziehung? Wie wohl fühlen Sie sich mit solchen Themen? Vielleicht hilft es dem Mitarbeiter, wenn er nicht verstecken muss, dass z. B. seine Ehe gerade in einer schwierigen Phase steckt.

Wenn Sie aber das Gefühl haben, dass Sie mit dem Thema überfordert sind, dann zeigen Sie freundlich Verständnis für seine schwierige Situation, verweisen ihn aber an einen besser geeigneten Ansprechpartner, gegebenenfalls einen Spezialisten, z. B. eine Beratungsstelle oder einen Therapeuten. Personalabteilungen haben oft geeignete Ansprechpartner und Adressen. Dies ist insbesondere bei Suchtproblematiken wichtig.

Machen Sie Ihrem Mitarbeiter aber klar, dass es Ihnen wichtig ist, dass er sein Problem ernst nimmt und sich auf die

Suche nach Lösungen macht. Wenn Sie nach einiger Zeit das Gefühl haben, dass sich nichts oder wenig geändert hat, sprechen Sie ihn nochmals darauf an.

Wenn der Mitarbeiter kein Gespräch führen will?

Einen Mitarbeiter zum Jahres- oder Zielvereinbarungsgespräch zu überreden, macht wenig Sinn. Das führt in der Regel nur dazu, dass dieses Gespräch eine Farce wird. Und dennoch gibt es oft eine Verpflichtung, dieses Gespräch zu führen. Daher sollten Sie den Kontakt zum Mitarbeiter suchen:

- Fragen Sie nach Gründen, warum er das Gespräch abgelehnt. Hören Sie genau zu, denn bereits hier können Sie viel erfahren, wo der Mitarbeiter gerade steht, was ihn nervt und stört.
- Erläutern Sie ihm, warum Ihnen das Gespräch mit ihm wichtig ist und sagen Sie ihm, welche Chancen Sie in diesem Gespräch sehen.

Grundregeln für schwierige Situationen

- Gesprächsbeginn und -abschluss sollen konstruktiv und freundlich sein.
- Stellen Sie möglichst viele offene Fragen (W-Fragen)
- Hören Sie - aktiv - zu (z. B. Aussagen wiederholen)

- Geben Sie dem Mitarbeiter Zeit im Gespräch (mindestens so viel wie sich selber, eher mehr)
- Beschränken Sie sich auf die Punkte, die für den Arbeitsplatz Ihres Mitarbeiters besonders wichtig sind.
- Wenn Sie vermuten, dass es im Gespräch zu über das normale Maß hinaus gehenden Schwierigkeiten kommen könnte (z. B. weil der Mitarbeiter die Beurteilung überhaupt nicht akzeptiert), dann ist es ratsam, den Betriebsrat oder die nächsthöhere Führungskraft vorab zu informieren oder miteinzubinden.

Auf einen Blick: Durchführung der Gespräche

- Nennen Sie zu Beginn des Jahresgesprächs nochmals die Themen, um die es geht.
- Besprechen Sie die Zielerreichung inklusive der Erkenntnisse für das kommende Jahr.
- Formulieren Sie die neuen Ziele nach dem SMART-Schema.
- Unterlegen Sie Ihre Beurteilung mit konkreten Beispielen, damit sie nachvollziehbar sind.
- Vereinbaren Sie mit Ihrem Mitarbeiter neben den Leistungszielen auch Entwicklungsziele, in denen seine Kompetenz und seine Potenziale im Mittelpunkt stehen.
- Halten Sie die Vereinbarungen schriftlich fest.

Wirksam kontrollieren und motivieren

Nach dem Jahresgespräch folgen unterjährig weitere kürzere Feedback- bzw. Kontrollgespräche zwischen Ihnen und Ihrem Mitarbeiter. Sie dienen dazu, die Entwicklung der Zielerreichung sowie die Arbeitsleistung des Mitarbeiters zu überprüfen und zu bewerten.

In diesem Kapitel lesen Sie,

- was das Ziel der unterjährigen Kontrolle ist,
- wie Sie bei Fehlentwicklungen entsprechende Gegenmaßnahmen vereinbaren,
- in welchen Fällen Sie das Ziel an veränderte Rahmenbedingungen anpassen sollten und
- wie Sie Ihre Mitarbeiter mit Feedback unterstützen können.

Ziele und Aufgaben

Sie als Führungskraft sind letztendlich verantwortlich für das Ergebnis Ihrer Abteilung, daher gehört es zu Ihrer Führungsaufgabe, regelmäßig zu überprüfen, inwieweit Ihre Mitarbeiter zum Erfolg der Abteilung beitragen. Wie Sie Ihre Mitarbeiter dazu wirkungsvoll begleiten hängt von verschiedenen Faktoren ab:

- **Von der Erfahrung und Arbeitsweise Ihrer Mitarbeiter:** Unerfahrene oder unzuverlässige Mitarbeiter müssen intensiver begleitet werden, wohingegen erfahrene Mitarbeiter nur bei Bedarf unterstützt werden müssen.
- **Vom aktuellen Kontext:** In kritischen Situationen kann ein direktiver Führungsstil notwendig sein, während es in anderen Situationen ausreicht, den Mitarbeiter zu unterstützen, selbst eine gute Entscheidung zu treffen.
- **Von Ihrem präferierten Führungsstil**: Fällt es Ihnen leicht loszulassen und wollen Sie nur sehen, dass ein Ergebnis termingerecht erreicht wird? Oder ist es Ihnen wichtig, auch den Prozess kontrollierend zu begleiten?

So begleiten Sie motivierend

Zu viel oder die falsche Art von Kontrolle kann für den einzelnen Mitarbeiter demotivierend wirken. Nehmen wir beispielsweise einen Mitarbeiter, der gerne sehr eigenständig und eigenverantwortlich arbeitet – und Sie fragen sehr häufig nach dem Stand des Projektes und lassen ihn zudem einzelne Schritte dokumentieren. Dann wirkt das sehr leicht nervend und demotivierend auf ihn.

Studien zeigen immer wieder: Mitarbeiter sind dann am stärksten motiviert, wenn

- sie die Möglichkeit haben, selbstbestimmt arbeiten zu können,
- sie klare, aber realistische Zielvereinbarungen haben,
- ihre Führungskraft ihnen konstruktive Rückmeldung gibt und sie bei Problemen unterstützt.

Grundlage dafür ist, dass Sie und Ihre Mitarbeiter in einem kosntruktiven Dialog sind. Dazu sind nicht nur gründliche Gespräche wie das Jahresgespräch geeignet, sondern auch regelmäßige Feedbackgespräche. Wie Sie diese Gespräche gelungen führen, lesen Sie in den Abschnitten „Kontrollgespräch führen" und „Effektives Feedback geben".

Am Beispiel Zielvereinbarung lässt sich gut darstellen, wie sich die Motivation der Mitarbeiter durch regelmäßige ehrliche und offene Gespräche verbessert. Angenommen, Sie und Ihr Mitarbeiter haben im Zielvereinbarungsgespräch SMARTe Ziele definiert, die sowohl zu den Unternehmens- bzw. Abteilungszielen als auch zum Mitarbeiter passen. Dann lässt sich in der Zeit nach dem Zielvereinbarungsgespräch tendenziell eine hohe Motivation auf Seite des Mitarbeiters feststellen. Nach einiger Zeit sinkt diese Motivation graduierlich, weil im Alltag neue Aufgaben hinzukommen und sich der Mitarbeiter zudem mit den ersten Hürden und Schwierigkeiten bei der Umsetzung des Ziels konfrontiert sieht. Wenn Sie als Führungskraft jetzt das Gespräch mit Ihrem Mitarbeiter suchen und ihm Hilfe bei der Problemlösung anbieten, dann steigt die Motivationskurve Ihres Mitarbeiters wieder deutlich an.

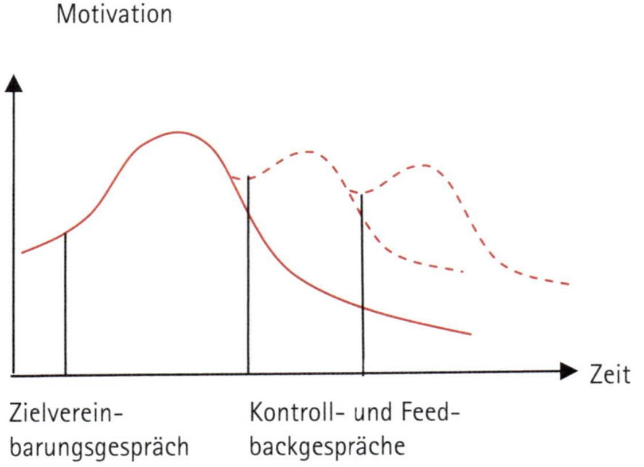

Die Motivationskurve

Selbstkontrolle versus Fremdkontrolle

Besprechen Sie mit Ihren Mitarbeitern, wo er eigenverantwortlich arbeiten und wo er mit Ihnen Rücksprachen halten soll.

Stärken Sie die Eigenverantwortung: Selbstkontrolle

Hier arbeitet der Mitarbeiter eigenverantwortlich, z. B. er überprüft seine Arbeitsergebnisse anhand der mit Ihnen in der Zielvereinbarung bzw. im Jahresgespräch festgelegten Kriterien. Wenn Sie über Zwischenstände aktiv informiert werden wollen, vereinbaren Sie mit Ihrem Mitarbeiter genau, welche Informationen Sie in welchen Abständen benötigen Ein Vorteil der Selbstkontrolle: Sie zeigen dem Mitarbeiter Ihr Vertrauen in ihn, Sie stärken seine Selbstverantwortung, was zu einer erhöhten Motivation führen kann.

Beispiel: Selbstkontrolle

Im Rahmen der Zielvereinbarung haben Sie mit Ihrer Mitarbeiterin, der erfahrenen Projektleiterin Frau Sonne, folgendes Ziel vereinbart: „Der Bau des 10-stöckigen Geschäftshauses erfolgt termingerecht und innerhalb des geplanten Budgets".

Zu diesem Ziel haben Sie vereinbart, dass Frau Sonne Ihre Zielerreichung selber kontrolliert, indem sie einmal pro Monat den Stand der Dinge in einer Übersicht zusammenfasst, die sie Ihnen dann auch zur Kenntnis schickt. Diesen Bericht sprechen Sie beide nur bei Bedarf durch. Weiterhin haben Sie vereinbart, dass Frau Sonne im Fall einer Kostensteigerung von mehr als

5% bei einem Gewerk sofort ein Gespräch mit Ihnen suchen wird.

Selbstverständlich kann auch eine in der Beurteilung vereinbarte Verhaltensänderung durch den Mitarbeiter selbst kontrolliert werden. Nötig sind hierzu wieder klare Erfolgskriterien, an denen man das gewünschte Verhalten erkennen kann.

Beispiel: Kundenserviceverhalten

Der Mitarbeiter soll zukünftig selbst auf die Kunden im Verkaufsraum zugehen, freundlich grüßen, nach deren Wünschen fragen und entweder selbst weiterhelfen, oder den Kunden zum zuständigen Kollegen begleiten.

Fremdkontrolle

Sie kontrollieren selbst die Arbeitsergebnisse Ihres Mitarbeiters. Ihr Vorteil: Sie wissen immer, wo Ihre Mitarbeiter in punkto Zielerreichung steht und haben damit einen aktuellen Überblick über den Leistungsstand Ihres Teams, wofür Sie letzten Endes ja auch die Verantwortung tragen. Nachteil aber: Der Mitarbeiter kann sich so fühlen, als würden Sie ihm nicht vertrauen, bzw. ihm wenig zutrauen, was demotivierend wirken kann.

Bei vereinbarten Feedbackgesprächen besprechen Sie erreichte Meilensteine, um den Grad der Zielerreichung zu überprüfen. Diese Form von Rückmeldung kann auch in Ihren Teammeetings stattfinden, in denen jeder kurz über den Stand seiner Arbeit informiert. Dies ist bei projekthafter

Arbeit wichtig, insbesondere wenn die Aufgaben der Mitarbeiter miteinander verzahnt sind.

Bei Ihren spontanen Kontrollen nutzen Sie alltägliche Gelegenheiten, indem Sie beispielsweise eine Runde durch die Abteilung drehen und sich bei einzelnen Mitarbeitern nach dem Stand der Dinge, den tagesaktuellen Aufgaben u. ä. erkundigen. Oder Sie nutzen eine Rauch- bzw. Kaffeepause, um bei einem informellen Gespräch nach dem letzten Kundenbesuch, der Projektbesprechung oder der Auftragslage zu fragen.

Häufigkeit und Art Ihrer Kontrolle

Häufigkeit und Umfang Ihrer Kontroll- und Feedbackgespräche richten sich in der Regel nach den in Ihrem Jahresgespräch getroffenen Vereinbarungen. Darüber hinaus werden Kontroll- oder Feedbackgespräche notwendig, wenn Sie einen konkreten Anlass dazu sehen, wie z. B.

- nachlassende Leistung
- ein unerwünschtes Verhalten des Mitarbeiters
- veränderte Rahmenbedingungen
- Änderungen in der Unternehmensstrategie

> Vertrauen Sie beim Kontrollieren Ihrem Gefühl. Wenn Sie bei einer Sache ein ungutes Gefühl haben, dann fragen Sie so lange nach, bis es verschwindet. Bedenken Sie aber auch: Je genauer Sie suchen, desto wahrscheinlicher ist es, dass Sie auch etwas finden, etwas Positives oder etwas Negatives.

Kontrollgespräche führen

Bei regelmäßigen Kontrollgesprächen, die Sie bereits im Jahres- bzw. Zielvereinbarungsgespräch vereinbart haben, besprechen Sie den Stand der Dinge bezüglich der vereinbarten Ziele anhand folgender Fragen:

- Was ist der aktuelle Stand? Welche Zwischenergebnisse oder Meilensteine wurden erreicht?
- Was ist erfolgreich gelaufen?
- Wo gibt oder gab es Schwierigkeiten und wie wurde damit umgegangen?
- Welche nächsten Schritte stehen an?

Sind Probleme aufgetreten, können Sie Ihren Mitarbeiter dabei unterstützen, seine Problemlösungskompetenzen zu stärken. Sie können ihn z. B. mit lösungsorientierten Fragen coachen:

- Welche Ideen haben Sie, um das Problem zu lösen? Was wären die notwendigen Schritte dazu?
- Wen müsste man einbeziehen?
- Wo benötigen Sie noch Unterstützung? Wer kann diese leisten?
- Welche Risiken sehen Sie bei den Lösungsideen?
- Wie können wir diesen Risiken vorbeugen?
- Wann ist es sinnvoll, dass wir wieder darüber sprechen?

Was tun, wenn die Zielerreichung in Gefahr ist

Die Suche nach dem Schuldigen bringt in diesen Fällen wenig. Daraus wird der Mitarbeiter weder etwas lernen noch wird es ihn dazu motivieren, seine Leistung im weiteren Verlauf zu verbessern. Stattdessen ist es sinnvoll, gemeinsam mit dem Mitarbeiter auszuwerten, was aus dieser Situation für die Zukunft zu lernen ist. Dabei können Ihnen folgende Fragen helfen:

- War unsere Zielsetzung unrealistisch? Haben wir ein zu hohes Ziel gesetzt? Müssen wir bei anderen Zielen nachsteuern?
- Haben wir wichtige Rahmenbedingungen falsch eingeschätzt? Oder haben wir bestimmte Rahmenbedingungen gar nicht erst berücksichtigt?
- Hätten wir an irgendeiner Stelle bereits früher eingreifen können?
- Wie stellen wir für den weiteren Verlauf sicher, dass wir weitere Abweichungen früh genug erkennen?
- Wie und wo könnten wir noch nachsteuern?
- Was brauchen Sie als Mitarbeiter, um das Ziel doch noch zu erreichen?
- Wie kann ich Sie dabei unterstützen?

Wann macht es Sinn, Ziele unterjährig anzupassen?

Ein Ziel sollte immer dann angepasst werden, wenn Sie unterjährig merken, dass sich wichtige Rahmenbedingungen geändert haben und ein Festhalten an dem bisherigen Ziel keinen Sinn mehr hat. Dies kann z. B. der Fall sein:

- wenn sich das Aufgabenfeld des Mitarbeiters verändert
- wenn Ihr Unternehmen oder Ihr Bereich seine Strategie ändert.
- wenn sich wichtige, von Ihnen nicht beeinflussbare Rahmenbedingungen verändern, so dass die Zielerreichung komplett unrealistisch geworden ist.

Beispiel

Das Ziel für Herrn Zach für den laufenden Beurteilungszeitraum ist die Reduzierung der Verbrauchsgüterkosten in seinem Bereich auf 13.500 €.

Er bestellt Papier, das zwar billiger ist, auf dem aber die Druckertinte ständig verschmiert. Dies führt zu Mehrarbeit und wiederholten Ausdrucken. Als im Laufe des Jahres auch noch die Marktpreise für Papier steigen, sieht Herr Zach seine Zielerreichung in weiter Ferne gerückt. Frustriert und verärgert bittet er seinen Vorgesetzten um ein Feedbackgespräch.

Gemeinsam finden sie eine Lösung: Das ergänzte Ziel lautet nun: Eine Reduzierung des Papierverbrauchs um 5% gemessen am Verbrauch des letzten Jahres.

Manches Ziel ist schnell formuliert und jeder glaubt, die Bedingungen der Zielerreichung seien allen klar. Gerade bei diesem einfachen Beispiel (wie der Reduzierung von Kosten) wird jedoch deutlich, dass die Erreichung eines Ziels oft auch von einer Reihe von Faktoren abhängt, auf die der Mitarbeiter häufig wenig oder keinen Einfluss hat.

> Achten Sie daher bereits bei der Formulierung des Ziels darauf, dass Faktoren, auf die der Mitarbeiter keinen Einfluss hat, ausgeschlossen oder berücksichtigt werden.

Sollte ein Ziel aus irgendeinem Grund vollständig aufgegeben werden, ist es dennoch sinnvoll, gemeinsam mit dem Mitarbeiter Bilanz ziehen:

- Wo steht der Mitarbeiter in der Zielerreichung?
- Was ist gut gelaufen, was weniger?
- Was kann aus dem Bisherigen gelernt werden?
- Sind Teilergebnisse für einen anderen Bereich nutzbar?

Dieses Bilanzziehen braucht nur wenig Zeit, sichert Teilergebnisse und hilft dem Mitarbeiter, das eine Thema gedanklich abzuschließen und sich auf das neue vorzubereiten.

Effektives Feedback geben

Beim unterjährigen Kontrollieren steht die Unterstützung des Mitarbeiters bezüglich seiner Zielerreichung bzw. der Optimierung seiner Arbeitsleistung im Vordergrund. Dabei ist eine Kommunikationstechnik von entscheidender Bedeutung: das Feedback. Durch Feedback ist es möglich, Selbstbild und Fremdbild abzugleichen. Die Wirksamkeit hängt allerdings stark von der Art und Weise ab, wie Sie Feedback geben.

Feedback als Chance zur Entwicklung

Mit ehrlichem und konstruktivem Feedback unterstützen Sie aktiv die persönliche Entwicklung Ihrer Mitarbeiter, indem Sie positive Verhaltensweisen durch Anerkennung fördern und wenig hilfreiche korrigieren. So hat dieser die Möglichkeit, seine Persönlichkeit noch stimmiger und effektiver einzusetzen.

Das Johari-Modell ist hilfreich, um Unterschiede in Selbst- und Fremdwahrnehmung darzustellen.

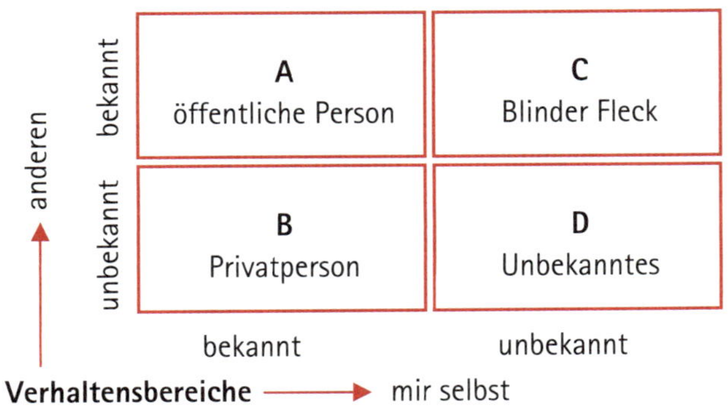

Das Johari-Fenster nach Luft & Ingham

Quadrant A: Die „öffentliche Person" umfasst alles, was sowohl mir als auch dem anderen bekannt oder wahrnehmbar ist.

Quadrant B: Im Feld der „privaten Person" liegt der Bereich meines Verhaltens, der zwar mir bekannt und bewusst ist, den ich anderen aber nicht zeigen möchte.

Quadrant C: Hier befindet sich der „Blinde Fleck" in meiner Selbstwahrnehmung, d. h. der Teil des Verhaltens, der für andere sichtbar und erkennbar ist, mir selbst hingegen nicht bewusst ist.

Quadrant D: Dann gibt es noch Verhaltensweisen und Charakterzüge, die weder mir noch anderen bewusst sind. Diese fallen in den Quadranten des „Unbekannten".

Vorteile von Feedback

Mit einem ehrlichen, konstruktiven Feedback geben Sie Ihrem Mitarbeiter die Möglichkeit, seinen „Blinden Fleck" zu verkleinern, mit dem Ziel, im Kontakt mit anderen authentisch und stimmig zu agieren.

Offenes und konstruktives Feedback stärkt zudem den Zusammenhalt im Team und trägt damit zur Erreichung der Team-Ziele bei.

> Achten Sie darauf, dass Sie Ihrem Mitarbeiter nicht nur negatives Feedback geben. Positive Rückmeldungen führen zu einer starken Motivation, dieses positive Verhalten öfters einzusetzen.

Feedback kann sowohl *formell* (offiziell als vereinbartes 4-Augen-Gespräch) als auch *informell* (spontan und unangekündigt) erfolgen. Wenn Ihnen spontan ein Verhalten als störend oder verbesserungswürdig auffällt, ist es sinnvoll, dieses auch direkt anzusprechen. Achten Sie aber darauf, dass Sie mit dem Mitarbeiter ungestört sind, denn ein öffentliches Feedback kommt einem „Aburteilen" gleich. Für umfangreicheres Feedback sollten Sie sich allerdings mehr Zeit nehmen und einen Termin in Ihrem Büro vereinbaren.

Geben Sie Feedback in vier Schritten

Feedback in vier Schritten

1 Beobachtbares Verhalten benennen

2 Erwünschtes Verhalten benennen und begründen

3 Die Sicht des anderen erfragen

4 Gemeinsam Lösungen für zukünftiges Verhalten suchen

1 **Beobachtetes Verhalten benennen**

Schildern Sie ganz konkret, welches Verhalten Sie beobachtet haben, was Sie gesehen oder gehört haben. Als Hilfestellung dazu: Stellen Sie sich vor, die Situation wäre auf Video aufgezeichnet worden. Was würden Sie auf der Kassette sehen und hören?

In diesem Schritt ist es besonders wichtig, nicht zu interpretieren, sondern das tatsächlich beobachtbare Verhalten zu schildern. Also statt "Sie haben schlampig gearbeitet", schildern Sie, was Sie tatsächlich beobachtet haben: "In Ihrer Aufstellung fehlen die Zahlen von Kunde X".

Dieser Schritt dient dazu, eine gemeinsame Ausgangsbasis zu schaffen. Ziel ist es, ein innerliches "JA" bei Ihrem Gegenüber auszulösen. "Ja, das stimmt, die Zahlen fehlen".

Beziehen Sie sich dabei auf das Verhalten, nicht auf die Persönlichkeit Ihres Gegenübers.

2 **Gewünschtes Verhalten benennen und begründen**

Im zweiten Schritt geht es darum, dem Gegenüber mitzuteilen, warum Sie sich zukünftig ein verändertes Verhalten wünschen. Hier teilen Sie dem anderen etwas über Ihre Gefühle, Werte und Gründe mit. Formulieren Sie diese Wirkung als Ich-Botschaft: Also statt "Ihre Schlamperei nervt", besser "Ich bin genervt, weil ich dann denke, ich muss all Ihre Zahlen nochmals überprüfen und das kostet mich viel Zeit." Zugegeben: das ist weit umständlicher und langwieriger. Aber Sie vermeiden, dass der andere als Reaktion in eine Abwehrhaltung gehen muss.

3 **Die Sicht des anderen erfragen**

Nun fragen Sie Ihren Gegenüber nach seiner Sicht der Dinge. Wie hat er die Situation wahrgenommen? Wie sieht er die Dinge? Hier kann es zu Rechtfertigungen und Erklärungsversuchen des Mitarbeiters kommen. Dann sind zwei wichtige kommunikative Fähigkeiten hilfreich: Fragen und Aktives Zuhören (siehe Kapitel „Ihr Handwerkszeug").

4 **Gemeinsam Lösungen suchen**

Im letzten Schritt machen Sie sich entweder gemeinsam auf die Lösungssuche, wie der Mitarbeiter zukünftig das gewünschte Verhalten umsetzen kann.

Je nachdem, wie oft Sie bereits mit Ihrem Mitarbeiter zu einem bestimmten Verhalten ein Kritikgespräch geführt haben, wird der 4. Schritt unterschiedlich ausfallen. Bei den ersten beiden Gesprächen verhalten Sie sich kooperativ und unterstützend. Erst wenn Sie merken, dass Ihr Entgegenkommen auf wenig Veränderungsbereitschaft beim Mitarbeiter stößt (kurz: sich am kritisierten Verhalten nichts ändert) – dann werden Sie in Schritt 4 nicht mehr gemeinsam eine Lösung suchen. Dann ist es nötig, klare Grenzen zu setzen, dem Mitarbeiter deutlich zu verstehen zu geben, dass Sie sein Verhalten nicht länger akzeptieren. Dann sollten Sie ihm Ihre Erwartungen klar mitteilen, im Sinne von: was Sie bis wann von ihm erwarten und mit welchen Konsequenzen er anderenfalls zu rechnen hat. Fixieren Sie dies, wenn nötig, schriftlich.

Beispiel für Feedback

Wir hatten bei Ihrer letzten Beurteilung ein Ziel bezüglich Ihres Serviceverhaltens gegenüber Kunden festgehalten. Dazu würde ich Ihnen gerne ein Feedback geben. Als ich gestern an Ihrem Schreibtisch stand und wir kurz über das Projekt X sprachen, kam ein Anruf herein. Herr Maier bat Sie anscheinend um Unterlagen und sie haben ihm diese herausgesucht und per Mail geschickt. Ich stand in der Zeit neben Ihnen und habe gewartet, bis Sie fertig waren.

Das hat mich geärgert, denn erstens war das für mich verlorene Zeit und zweitens hatte ich aufgrund Ihrer Fragen den Eindruck, dass Sie sich danach erst wieder in unser Thema hineindenken mussten.

Ähnliches ist mir bereits mehrmals bei Ihren Kundengesprächen aufgefallen: Sie haben sich unterbrechen lassen und den Kunden warten lassen. Und mussten danach erst wieder zum Anliegen des Kunden zurückfinden.

Ich wünsche mir für die Zukunft, dass Sie entweder auf den Anrufbeantworter umstellen oder dem Anrufer anbieten, ihn zurückrufen, um sich ungestört dem Kunden weiter widmen zu können.

Haben Sie bereits Ideen, wie Sie dies zukünftig umsetzen können?

So geben Sie wirksames Feedback

- Geben Sie Feedback möglichst zeitnah. Bereits nach ca. einer Woche ist es schwierig, sich an das eigene Verhalten genau zu erinnern.
- Überprüfen Sie Ihre Motivation für das Feedback: Ist Ihr Feedback für den anderen hilfreich, oder wollen Sie nur Aggressionen loswerden?
- Feedback beschreibt Wahrnehmungen. Aussagen wie „Sie machen sich ständig nur wichtig" sind Interpretationen und wenig hilfreich.
- Seien Sie konkret in Ihrem Feedback! Sagen Sie nicht allgemein: „Sie sind immer so rechthaberisch". Sagen Sie konkret, was Sie hier und jetzt an Ihrem Gesprächspartner wahrnehmen: „Sie haben mich jetzt zweimal hintereinander unterbrochen...".
- Wie ist Ihre Stimmung, sind Sie emotional aufgewühlt und sollten daher besser noch warten, bevor Sie ein faires und sachliches Feedback geben können? Die berühmte „Nacht drüber schlafen" lässt manche Situation am nächsten Tag tatsächlich in einem anderen Licht erscheinen.

- Gibt es einen ruhigen Ort, an dem Sie ungestört sind? Dies ist besonders wichtig, wenn es sich um ein ausführliches Feedback handelt

Auf einen Blick: Wirksam kontrollieren und motivieren

- Durch regelmäßige Rückfragen und Kontrollgespräche können Sie Ihre Mitarbeiter motivieren, weil Sie dadurch immer wieder die Ziele und Maßnahmen klären und konkretisieren.
- Wenn die Zielerreichung in Gefahr ist, überprüfen Sie die Ursachen sowie die Möglichkeiten darauf zu reagieren.
- Geben Sie Ihren Mitarbeitern Feedback in vier Schritten: Bennennen Sie das beobachtete Verhalten, benennen und begründen Sie das gewünschte Verhalten, fragen Sie nach der Sicht Ihres Mitarbeiters und suchen sie gemeinsam einen Lösungsweg.

Literaturverzeichnis

Böhme Karsten: Strategische Personalentwicklung, München 2003

Daigeler, Thomas/Hölzl, Franz/Raslan, Nadja: Führungstechniken, Freiburg 2012

Luft, Joseph & Ingham, Harry: The Johari Window, a graphic model for interpersonal relations. Los Angeles 1955

Odiorne, George: Strategic Management of Human Resources, San Francisco 1984

Pink, Daniel: Drive: Was Sie wirklich motiviert. Salzburg 2010

Schultz von Thun, Friedemann: Miteinander reden Band 1–3, Reinbek 1998

Seiwert, Lothar J.: Wenn Du es eilig hast, gehe langsam. Frankfurt/Main 2008

Saul, Siegmar: Führen durch Kommunikation, Weinheim 1993

Schmid, Bernd: Systemisches Coaching, Bergisch Gladbach 2004

Watzlawick, Paul; u. a.: Menschliche Kommunikation, Bern 2000

Stichwortverzeichnis

Bibliografische Information der Deutschen Nationalbibliothek
Die Deutsche Nationalbibliothek verzeichnet diese Publikation in der Deutschen Nationalbibliografie; detaillierte bibliografische Daten sind im Internet über http://www.d-nb.de abrufbar.

Print: ISBN 978-3-648-03506-1 **Bestell-Nr. 00982-0002**
ePDF: ISBN 978-3-648-03507-8 **Bestell-Nr. 00982-0150**

2., aktualisierte Auflage 2012

Redaktionsanschrift: Fraunhoferstraße 5, 82152 Planegg
Fon (0 89) 8 95 17-0, Fax (0 89) 8 95 17-2 50
E-Mail: online@haufe.de
Internet: www.haufe.de
Redaktion: Jürgen Fischer
Redaktionsassistenz: Christine Rüber

Konzeption und Realisation: Sylvia Rein, 81371 München
Lektorat und DTP: Ulrich Leinz, 10829 Berlin; Sylvia Rein, 81371 München
Umschlaggestaltung: Kienle gestaltet, Stuttgart
Umschlagentwurf: Agentur Buttgereit & Heidenreich, 45721 Haltern am See
Druck: freiburger graphische betriebe, 79108 Freiburg

Die Autorinnen

Hailka Proske

Die Kommunikationswissenschaftlerin ist seit 1996 selbständige Trainerin, Beraterin und Coach in den Bereichen Kommunikation und Führung. In den vergangenen Jahren war sie regelmäßig als Expertin in der Sendung „Erfolg" des Bayerischen Fernsehens zu Gast. Sie verfügt u. a. über eine systemische Organisations- und Personalentwicklungsausbildung und berät Firmen und Führungskräfte in Veränderungsprozessen. Webseite: www.hailka-proske.de

Eva Reiff

Die Diplom-Betriebswirtin begleitet als selbständige Beraterin, Trainerin und Coach Unternehmen und Institutionen. Schwerpunkte: Kommunikation, Führung und Organisationsentwicklung. Sie verfügt u. a. über Ausbildungen in Solution Focus und Systemischer Kompetenz in Veränderungsprozessen und arbeitet auf Deutsch und Englisch. Webseite: www.eva-reiff.de

Weitere Literatur

„Mitarbeiterbeurteilung und Zielvereinbarung", von Christian Stöwe und Anja Weidemann, 310 Seiten, mit CD-ROM, € 34,80. ISBN 978-3-448-09768-9, Bestell-Nr. 04203

„Gesprächstechniken für Führungskräfte", von Anke von der Heyde und Boris von der Linde, 222 Seiten, € 24,95. ISBN 978-3-448-09518-0, Bestell-Nr. 00742